암 예방과 다이어트에 좋은

# 콩요리 66

송원경 · 홍숙경 공저

예신 BOOKS

# 머리말

### Slow food ……

건강한 삶을 추구하는 음식 문화는 현대 사회에서 가장 중요한 트렌드가 되고 있다. 특히 성인병, 비만, 대사증후군이 만연하고 있는 가운데 건강한 생활 습관은 삶의 질을 나타내며, 사회적 수준이 높아짐에 따라 사람의 건강과 생활 방식이 신분을 나타내는 상징이 되고 있기 때문이다.

안전한 식품 및 건강한 식습관은 삶에 있어서 가장 중요한 역할을 하므로, 100세를 평균 수명 목표로 하는 이 시대에 웰빙(well-being), 웰니스(wellness), 로하스(LOHAS)와 같은 트렌드에 맞는 식품을 선택해야 한다. 따라서 건강한 먹을거리에 대한 고민과 그에 따른 다양한 대안들이 제시되는 가운데 제철 음식으로 만드는 내 지역 요리, 즉 슬로(slow) 푸드, 로컬(local) 푸드의 가치가 더욱 중요해지고 있다.

### 맛, 건강, 편리함 ……

훌륭한 맛은 기본이면서 건강 효과가 있는 음식, 또 거기에 만들기 쉽고 편리한 음식은 무엇일까? 항상 그 세 가지 욕구를 다 충족할 수 있는 건강한 먹을거리에 대한 고민은 계속되고 있으며, 이 문제는 건강에 좋은 식재료로 만든 쉽고 맛있는 요리에 대한 끊임없는 수요로 이어지고 있다.

### 콩 ……

'밭에서 나는 쇠고기'라고 불리는 콩은 성분 중 40%가 단백질로 구성된 대표적인 고단백 식품이며 손꼽히는 건강 식품이다. 콩에 대한 관심도 더욱 증대되고 있어 생활에 유용한 맛있고 건강한 '콩요리'를 제안하고자 한다.

이 책에서는 콩으로 만든 다양한 요리와 콩을 이용해 만든 두부 음식을 메뉴로 구성하였으며, 메인 요리뿐만 아니라 전채 요리부터 디저트까지 코스에 이용할 수 있도록 소개하고 있다. 우리 몸에 좋은 콩으로 만든 맛있는 음식을 통해 건강을 유지하여 행복한 삶을 추구하길 바란다.

저자 씀

# ··· Contents

## Part 1

## 가볍게 먹는 콩요리

# *Bean* 두 류

**두** 류(豆類, legumes)는 콩과식물로 대두, 팥, 녹두, 완두콩, 강낭콩 등이 대표적이다. 두류는 다른 식물성 식품과 달리 대부분이 단백질을 함유하고 있어 영양학적으로 가치가 높은 식품이다.

미국의 저명한 시사주간지 《타임(TIME)》에서 발표한 슈퍼푸드(매일 적정량을 섭취하면 건강하게 장수할 수 있는 식품)에 선정되어 세계적으로 주목받는 식품으로 거듭나고 있다.

두류의 일반 성분은 곡류에 비하여 단백질과 지방, 비타민 $B_1$이 많은 것이 특징이다. 비타민 C는 거의 없으나 싹을 먹는 콩나물과 숙주나물에는 비타민 C가 들어있다. 그 밖에 특수 성분으로는 사포닌(saponin), 탄닌(tannin), 레시틴(lecithin) 등을 포함하고 있다.

두류는 영양가가 높고 단백질의 아미노산 조성이 우수하므로 경제적인 단백질 급원이며, 무기질 중 칼륨, 칼슘 등이 풍부한 알칼리성 식품이다. 두류는 곡류에 부족한 필수 아미노산인 리신(lysine)을 특히 많이 함유하여 쌀을 주식으로 먹는 우리 식생활에 중요한 식품이다.

### 주산지

콩의 원산지는 우리나라와 만주 지역이다. 우리나라 콩의 주산지는 경기도의 화성·가평·장단, 충북의 보은, 충남의 당진·보령, 전북의 임실, 전남의 신안·완도, 경북의 안동 지방이다. 노란콩은 전남 고흥, 강원도 평창이고, 검은콩은 강원도 횡성과 평창이다. 특히 전남과 경북 지방이 전국 생산량의 40%를 차지하고 있다.

꽃피는 시기가 빠른 것을 여름콩, 늦게 피는 것을 가을콩, 그 중간인 것을 중간콩이라 한다. 우리나라에서 여름콩은 평야지대 또는 그와 가까운 지역에 봄에 심어 늦은 여름이나 초가을에 수확하는데 대체로 알맹이가 크고 부드러우며 색깔이 있다.

### 수확 및 출하 시기

콩의 생육 일수가 짧은 것은 75일 정도이고, 긴 것은 200일인 것도 있으나 실제로 널리 재배되고 있는 콩의 생육 일수는 90~160일 정도이다.

생육 일수가 짧은 조생종은 여름콩으로 4~5월에 파종하여 8월경에 수확하고, 생육 일수가 긴 만생종은 가을콩 또는 그루콩으로 6~7월에 파종하여 10월경에 수확한다. 일반적으로 노란콩은 6월 상순부터 고

흥, 목포 등지에서 출하되기 시작하여 8월 하순까지 출하되고, 백태는 9월 중순
~10월 중순에 수확, 출하되기 시작한다.

### 선별 기준

- 품종 고유의 특성을 갖고 크기별로 잘 선별된 것
- 껍질이 얇거나 두껍지 않고 충실하고 낱알이 고른 것
- 품종 고유의 낱알 모양을 갖고 알맞게 숙성한 건전한 낱알
- 수분이 14% 이하로 상한 콩이 없고 이물질이 없는 것

### 재료 손질 및 보관

콩 중에서 껍질 부분이 두꺼운 것은 6~12시간 이상 불려 껍질을 벗겨서 사용해
야 한다. 저장은 수분 함량 12% 이하로 한다. 상온 저장 시에는 통풍이 잘 되며 그
늘지고 건조한 곳에 보관한다. 1년 이상 장기 저장을 할 때는 5℃ 이하, 상대습도
60% 내외에서 저장한다.

### 성분 및 특성

우리나라에서 콩은 쌀, 보리와 함께 중요한 식량으로 특히 단백질의 공급원으로
잘 알려져 있다. 콩은 채식 중심의 식사를 하는 우리 식단에서 부족되기 쉬운 단백
질과 지방질을 보완하는데 있어 안성맞춤인 작물이다.

콩에는 단백질, 인지질 외에 당분, 조섬유, 칼슘, 인, 비타민 $B_1$, $B_2$ 등이 함유되
어 있어 인체에 필요한 영양을 골고루 충족시켜 준다. 콩 100g에 100~300mg 정

도로 풍부하게 들어있는 이소플라본은 항암 효과 이외에도 골다공증, 신부전증, 신장 질환 등 만성 질환의 예방에 효과를 나타내는 것으로 알려져 있다.

콩의 섭취는 삶은 콩, 콩밥 등으로 조리하거나 콩나물, 두부, 두유 및 된장과 간장 등의 발효식품 형태로 이루어져 왔다. 신선한 채소가 없었던 겨울철에 콩나물을 길러 먹음으로써 부족하기 쉬운 비타민을 보충 섭취해 온 것도 또 하나의 놀라운 지혜이다.

## 팥

Azuki bean, small red bean, Phaselous angularis W.

## 주산지

팥의 원산지는 중국, 한국, 일본 등의 동북아시아 지역이며 우리나라에서는 강원도의 횡성 · 홍천 · 평창, 충북의 청원 · 보은 · 중원, 충남의 공주 · 금산, 전남의 보성 · 화순 · 장성 등에서 많이 재배되고 있다.

## 선별 기준

- 품종 고유의 특성을 갖고 있으며 크기별로 잘 선별된 것
- 껍질의 얇음과 두꺼움 없이 충실하며 단단하고 부드러우며 낟알이 고른 것
- 품종 고유의 낟알 모양을 갖고 알맞게 숙성한 건전한 낟알
- 수분 함량 14% 이하이고 상한 콩과 이물질이 없는 것
- 고유의 색상을 갖고 선명한 것

### 재료 손질 및 보관

팥은 정월대보름 오곡밥이나 동지팥죽 등에 필수적인 식재료로서 독특한 풍미감으로 인하여 쌀, 보리, 잡곡과 섞어서 밥을 짓거나 과자나 떡의 고물, 팥빵 등 제과용으로 꾸준하게 대부분 적색의 것이 유통되고 있다. 팥은 진한 적색에서부터 연한 적색까지 그 농도가 다양한 것으로 알려져 있다.

보관은 건조하고 통풍이 잘 되며 어두운 곳이 좋다. 팥의 껍질은 단단해서 12시간 이상 불린 후 삶아야 물러지며, 껍질 부분에는 사포닌 성분이 있는데 이것은 장을 자극하여 설사를 유발하므로 팥을 사용할 때는 반드시 처음 삶은 물은 버려 사포닌 성분을 일부 제거한 후 다시 물을 부어 삶아 사용하는 것이 좋다.

### 성분 및 특성

팥에는 당질 64%, 단백질 20%, 지방 0.1% 정도 함유되어 있으며, 당질 중에는 전분이 34% 정도이다. 단백질은 20%로 곡류의 2배 정도이다. 팥의 표피에는 시아닌(cyanidin) 배당체가 들어있어 아린 맛이 있다.

## 녹두

Mung bean,
Phaseolus radiata
L.

녹두는 팥의 일종으로 녹색을 띠어 녹두라고 한다. 녹두는 지방질이 적고 탄수화물이 많으며(탄수화물 57%, 단백질은 20~25%) 특히 루신(leucine), 리신, 발린 등 필수 아미노산이 풍부하다. 원산지는 인도이며 우리나라에서는 전국적으로 고르게 재배되고 있다.

녹두는 낟알이 충실하고 고른 것이 좋다. 녹두는 과거에는 맷돌에 갈아서 알알이 쪼개어 불렸지만 요즘은 껍질 깐 녹두를 1~2시간 불려서 껍질을 완전히 분리하여 사용한다.

녹두는 우리네 별미 식재료로서 많이 이용되어 왔다. 떡과 죽에 이용되며, 싹을 내서 숙주나물로 쓴다. 또한 청포묵과 당면을 만드는 데 이용된다. 즉, 녹두의 싹을 만드는 숙주는 삶아 나물을 무치거나 만두소, 전골, 탕평채, 죽순채 등의 재료로 사용하고, 빈대떡, 녹두떡 등을 만들기 위해 녹두가루로 조제하였다.

물에 불린 녹두를 맷돌에 갈아서 가라앉힌 앙금을 말린 녹말가루로 청포(녹두묵)를, 녹두앙금을 내어 떡의 소나 고물로 이용하기도 한다.

## 강낭콩

Kidney bean,
Phaseolus vulgaris
L.

원산지는 남미로 세계 각지에 널리 분포되어 있다. 콩 모양이 신장 모양과 같다고 하여 'kidney bean'으로 불린다.

콩의 종실(식물의 열매나 과실, 열매 속에 있는 새로운 개체로 자라날 물질)과 모양이 매우 다양하며 줄기 모양에 따라 덩굴형과 왜성형이 있다. 크기가 작고 꼬투리가 부드러운 어린 강낭콩은 채소용으로 이용되며, 크기가 비교적 큰 것은 풋종실용, 건조종실용으로 이용한다.

강낭콩은 종실의 크기에 따라 강낭콩(red kidney bean; 종실 길이 1.5cm 이상), 필드콩(field bean; 종실 길이 1~1.2cm, 갈색 무늬가 있는 분홍색 껍질), 핀

토빈(pingo bean), 매로우콩(marrow bean; 종실 길이 1~1.5cm), 네이비콩(navy bean; 종실 길이 0.8cm 내외)으로 나누어 볼 수 있다.

또한 용도에 따라 완숙 종자를 이용한 필드콩과 풋강낭콩을 이용하는 가든콩(garden bean)이 있는데 가든콩의 어린 꼬투리를 이용하는 것이 스냅콩(snap bean)이다. 팥과 비슷한 용도로 쓰이고 있지만, 강낭콩의 주성분은 당질이고 그 대부분이 전분이며, 단백질 함량도 많은 편이다.

강낭콩에는 칼륨이 많이 함유되어 있어 소금의 섭취를 많이 하는 우리 식생활에서 매우 바람직한 식품이다. 밥에 넣어 먹거나 양갱, 앙금을 만들어 쓰기도 하며, 샐러드에 이용되기도 한다. 말려서 저장하여 유통되는 것과 생것으로 유통되는 것이 있다.

## 완두

Garden pea,
Pisum sativum L.

완두의 원산지는 지중해 연안으로 두류 중 가장 서늘한 기후를 좋아하고 추위에도 강하다. 우리나라에는 단단한 꼬투리를 가진 덩굴형의 종류가 재배되어 왔고, 성숙하기 전 푸른 것은 주로 통조림을 만들어 이용한다.

완두는 꼬투리와 씨앗을 이용하는 방법에 따라 꼬투리용, 청실용(green pea) 및 완숙콩으로 구분한다. 꼬투리용은 풋콩 상태의 것을 이용, 청실용은 완숙기 전에 수확해서 밥, 병(통)조림으로 이용하고, 완숙콩은 볶거나 기름에 튀겨 먹는다.

풋콩 형태의 완두는 단백질이 6.7% 들어있으며, 특히 리신(lysine), 아르기닌(arginine), 비타민 A, B, C가 풍부히 함유되어 있다.

## 땅콩

Peanut, Arachis hypogaea L.

땅콩의 원산지는 브라질 또는 페루이며, 두류 중 유일하게 열매가 땅속에 들어있다. 꼬투리 한 개에 하나에서 세 개의 알이 들어있고, 알맹이는 전체 중량의 50% 정도이다.

땅콩에는 지방이 45% 이상, 단백질 35%, 탄수화물 20~30% 들어있다. 땅콩의 지방을 추출하여 식용유, 피넛버터 등에 이용한다.

## 동부

Cowpea, Vigna unguiculate L.

동부의 원산지는 열대지방으로 저온에 약하다. 종실은 굵고 납작한 것, 팥 모양인 것, 타원형에 가까운 것이 있으며, 빛깔은 백색, 흑색, 갈색, 적자색, 담자색 및 이들의 혼합색 등이 있다.

중량이 9~15g으로 팥 정도의 크기이다. 밥에 넣어 먹기도 하고, 떡고물에 이용되기도 하며, 동부 전분은 묵을 만드는 데 이용된다.

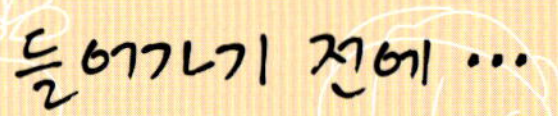



미국의 저명한 건강 잡지 《헬스》에서는 세계 5대 건강 식품으로 한국의 김치, 그리스의 요구르트, 인도의 렌틸(lentil), 일본의 콩 식품, 스페인의 올리브오일을 선정하였다.

이에 건강 먹거리 중 하나인 콩을 주 식재료로 사용하여 다양한 요리를 만들어 보자.

이 책에서 제공되는 주 조미료는 단맛은 조청, 매실청, 유자청, 유기농 설탕을, 짠맛은 3년 이상 간수가 빠진 토판염 또는 천일염을, 기름은 엑스트라버진 올리브유, 현미유, 포도씨유를 사용했다.

레시피에 들어가는 후추는 후춧가루를 넣은 것이며, 통후추를 사용할 경우에는 통후추라 표기하였다.

# Part 1

# 가볍게 먹는 콩 요리

# 모둠콩 튀김

콩의 대표적인 영양소는 단백질과 레시틴이지만 콩의 종류에
따라 영양 성분이 조금씩 다르다. 여러 가지 콩을 섞어 조리
하면 다양한 영양소를 고루 섭취할 수 있다.

모둠콩 1컵, 밀가루 · 녹말가루 · 물 3큰술씩, 달걀노른자
1개, 현미유 또는 포도씨유 적당량

**초간장**
간장 · 물 · 레몬즙 · 식초 1큰술씩, 설탕 2큰술

{레시피

1 **모둠콩 밀가루 버무리기**  모둠콩은 씻어 물기를 없앤 뒤 밀가루 1큰술을 넣고 고루 버무린다.

2 **튀김옷 만들기**  밀가루 2큰술과 녹말가루, 달걀노른자, 물을 섞어 튀김옷을 만들어 *1*의 콩을 넣어 살살 버무린다.

3 **모둠콩 튀기기**  170℃로 달군 현미유 또는 포도씨유에 *2*를 숟가락으로 모양 내어 떠 넣고 바삭하게 튀긴다.

4 **초간장 곁들이기**  분량의 재료를 섞어 초간장을 만들어 곁들여 낸다.

tip

- 생콩은 끓는 물에 소금과 함께 넣고 삶아준 후 체에 밭쳐 물기를 제거해 둔다. 마른 콩일 경우는 6시간 정도 충분히 불린 후 삶아준다.
- 콩에 밀가루를 버무려 두면 튀김옷이 고루 잘 묻는다. 튀길 때 너무 고온에서 익히면 콩이 속까지 익지 않고 탈 수 있으므로 주의한다.

# 두부 튀김과 간장 소스
## |겉은 쫄깃하고 속은 부드러운 튀긴 두부|

두부 1모, 전분 2큰술, 포도씨유 3/4컵, 다진 생강 1큰술, 무 (갈아놓은 것) 약간, 대파 파란부분 약간, 가쓰오부시 1큰술

**간장 소스**
기꼬만 간장 1컵, 식초 4큰술, 레몬즙 4큰술, 맛술 1큰술, 다시마물 1/4컵, 올리고당 1큰술, 소금 1/2작은술, 후추 약간

## { 레시피

1 **두부 깍둑썰기**  두부는 면보로 꾹 눌러 물기를 제거한 뒤 12조각으로 같은 크기로 깍둑썬다.

2 **전분 털어내기**  두부의 4면에 전분을 고루 묻히고 살짝 털어낸다.

3 **두부 튀기기**  튀김팬에 포도씨유를 넣고 180℃로 가열한 후, *2*의 두부를 넣어 겉이 노릇하게 되도록 튀긴다.

4 **두부 기름 빼기**  키친타월에 두부를 건져 기름을 빼둔다.

5 **간장 소스 만들기**  분량의 모든 재료를 믹서에 넣고 섞어 준비한다.

6 **소스 끼얹기**  작은 접시에 두부를 세 조각씩 담고 위에 다진 생강과 대파, 무를 올리고 소스를 끼얹은 뒤 가쓰오부시를 뿌려 마무리한다.

tip
- 두부와 무를 함께 섭취하면 무가 두부의 뭉친 기운을 풀어주고 무에 없는 단백질을 섭취할 수 있다.
- 대형 마트에 가면 일본풍 튀긴 두부를 판매하고 있으므로 시판용을 구입하면 직접 튀기지 않고 간단히 일품 요리를 만들 수 있다.
- 전분에 고추를 다져서 넣거나 허브, 후추, 참깨 등을 넣어 무치면 색다른 맛을 즐길 수 있다.

# 콩전 & 그린샐러드

고소한 콩전은 고단백 식품으로 성인병 예방에 좋은 간식이다.
콩을 불려야 만들 수 있는 번거로운 음식이지만 준비한 만큼
만든 사람의 정성이 몸속에 전달되는 건강한 음식이다.

모둠콩 150g, 노란콩 100g, 물 250mL, 밀가루 50g, 꽃
소금 1작은술, 샐러드용 채소 약간, 포도씨유 적당량

**어니언 발사믹 소스**
올리브 오일 1/2컵, 다진 양파 4큰술, 발사믹 식초 3큰술,
조청 1큰술, 레몬즙 1작은술, 후추 1/4작은술, 소금 1/2작
은술

{레시피

1 **노란콩 믹서에 갈기**  12시간 이상 불린 노란콩은 물을 조금 넣어 곱게 간다.

2 **콩물에 밀가루 섞기**  *1*의 곱게 간 콩을 체에 밭쳐 콩물을 내리고 밀가루와 소
　금을 넣어 골고루 섞어준다.

3 **모둠콩 삶기**  끓는 물에 소금을 넣고 모둠콩을 충분히 삶아준다.

4 **재료 고루 섞기**  *2*에 *3*의 삶은 모둠콩을 넣어 고루 섞어준다.

5 **콩전 지지기**  프라이팬에 포도씨유를 넉넉히 두른 다음 열이 오르면 반죽을
　원형으로 모양내어 올려 약한 불에서 앞뒤로 노릇하게 지진다.

6 **채소 씻어 준비하기**  샐러드용 채소는 찬물에 헹궈 적당한 크기로 잘라준다.

7 **어니언 발사믹 소스 만들기**  분량의 재료를 믹서에 넣고 갈아 소스를 만든다.

*tip*
- 콩의 부드러운 맛을 느끼기 위해서는 밀가루를 많이 넣지 않는 것이 좋다. 하지만 너
　무 적게 넣으면 전의 모양이 잘 잡히지 않으므로 밀가루의 양을 잘 조절해야 한다.
- 콩의 텁텁한 맛은 채소 샐러드와 곁들이면 담백하게 즐길 수 있다.
- 콩을 갈아줄 때 밀가루 대신 쌀가루를 갈아서 함께 반죽해도 좋다.

# 껍질콩 페타치즈 샐러드

**재 료**

껍질콩 100g, 페타치즈 1/3컵, 베이비채소 100g, 비트 50g, 올리브오일 1큰술
**오미자 소스 :** 오미자청 1/2컵, 꿀 1큰술, 레몬즙 1큰술

**레시피**

1  베이비채소는 찬물에 깨끗이 씻어 헹궈 둔다.

2  비트는 채썰어 찬물에 담가 둔다.

3  껍질콩과 페타치즈를 준비한다.

4  1, 2, 3을 함께 넣어 올리브오일에 버무린다.

5  오미자 소스 재료를 냄비에 넣고 윤기가 나도록 졸여준다.

6  접시에 샐러드를 담고 소스를 곁들인다.

## tip

치즈는 단백질, 지방, 칼슘 등이 풍부한 고열량 식품으로 소화가 잘 되는
특징을 가지고 있으며 샐러드로 만들기 좋은 재료이다.

# 검은콩 피클

**재 료**

오이 2개, 검은콩 50g, 양파 1개, 홍고추 1개
**피클물 :** 물 150mL, 식초 150mL, 설탕 75mL, 소금 1작은술, 정향 2개, 통후추 6알, 월계수잎 1장

**레시피**

1 검은콩은 깨끗이 씻어 달군 프라이팬에 10분 정도 볶아서 수분을 날려준다.

2 오이는 깨끗이 씻어 1cm 두께로 둥글게 썬다.

3 양파는 4~5cm 정사각형으로 썰고, 홍고추는 링으로 썬다.

4 분량의 피클물을 만들어 냄비에 끓인 후 뜨거운 상태로 유리병에 담아 1, 2, 3을 넣고 밀봉한다.

5 이틀이 지나면 4의 피클물을 한 번 더 끓인 후 유리병에 부어 냉장 보관하여 일주일 후부터 먹으면 된다.

*tip*

레몬 또는 라임을 반 조각 넣어주면 상큼한 피클 향을 느낄 수 있어 식욕을 촉진시킨다.

# 완두콩 수프

완두가 탄수화물 대사를 도와주므로 수프
가 싫다면 쌀가루를 넣어 완두콩 죽으로
도 만들어 보자. 완두콩 수프에 빵을 함께
먹으면 한 끼 식사로도 훌륭하다.

완두콩 160g, 콩국물 5컵, 휘핑된 생크림 1큰술, 찹쌀가
루 90g, 소금 · 설탕 약간씩

1 **완두콩 삶기**  완두콩은 끓는 물에 소금 1작은술을 넣고 삶아준다.

2 **완두콩 믹서에 갈기**  삶은 완두콩을 믹서에 곱게 갈아준다.

3 **완두콩 수프 끓이기**  바닥이 두꺼운 냄비에 *2*의 완두콩 갈은 것과 콩국물을
넣고 찹쌀가루를 넣어 끓으면 10분 정도 계속 저어준다.

4 **마무리하기**  소금과 설탕으로 기호에 맞게 간을 해서 따뜻하게 담아낸다.

5 **생크림 얹어 내기**  완성된 완두콩 수프에 휘핑된 생크림을 얹어낸다.

tip
- 생 완두콩이 없는 계절은 냉동 완두콩을 사용한다.
- 콩국물이 없을 경우 물 1L에 치킨베이스 1큰술을 넣어 스탁을 끓여 갈은 완두콩을
  넣어 끓여 주면 감칠맛 나는 간단한 콩 수프가 완성된다. 대형 마트에서 치킨베이스
  를 구입할 수 있다.

### 집에서 콩국물 만드는 법

1. 노란콩은 물에 8시간 가량 충분히 불린다.
2. 불린 콩은 손으로 문질러 씻어 껍질을 벗기고 물기를 뺀다.
3. 냄비에 물기를 뺀 노란콩을 담고 물을 충분히 부어준 다음 소금을 넣고 삶는다.
4. 노란콩이 무르게 익으면 한김 식힌 다음 믹서에 곱게 간다.
5. 4는 고운 체에 걸러 건더기는 빼고 콩물만 받아 낸다.

# 연두부 명란 카나페

명란젓은 지방 함량이 많고, DHA가 많아 영양가가 풍부한 식품이다. 뇌와 신경에 필요한 에너지를 공급하는 작용을 하고 피로 회복에도 도움을 준다. 연두부와 함께 간단히 만들어 먹을 수 있는 카나페이다.

연두부 1모, 명란젓 2개, 실파 4뿌리, 홍고추 1/2개, 마늘
1쪽, 참기름 2큰술

{ 레시피

1 **연두부 자르기**  연두부는 차게 식혀 8등분으로 자른 다음, 종이타월로 물기
를 닦아낸다.

2 **명란젓 준비하기**  명란젓은 반으로 잘라 껍질을 벗기고 칼 끝으로 긁어서 알
을 빼낸다.

3 **채소 준비하기**  실파는 송송 썰고, 고추와 마늘은 곱게 다진다.

4 **명란젓에 참기름 넣기**  2에 참기름을 넣어 골고루 섞는다.

5 **소스 얹어내기**  연두부에 4의 명란을 조금씩 올려준다.

6 **장식하기**  송송 썬 실파와 곱게 다진 고추와 마늘을 명란 위에 올려준다.

- **카나페 :** 다양한 형태와 굵기의 얇은 빵조각에 요리를 얹은 것이다. 빵 대신 크래커
  나 한입 크기의 핑거푸드로 만들기도 한다.
- 연두부에 명란을 얹어낼 때 수저로 가운데 홈을 내 주면 소스가 흘러내리지 않아 깔
  끔해 보인다.

# 아보카도 소스를 곁들인 두부

아보카도 소스를 곁들여 먹으면 건조한 피부를 촉촉이 해주고 주름을 예방하며 윤기나는
피부로 가꾸어 주므로 동안 미인이 될 수 있는 음식이다.

## {재 료

두부 1모, 아스파라거스 5줄기, 소금·후추 1/2
작은술, 올리브오일 적당량

### 아보카도 소스
갈은 아보카도 1/2컵, 마요네즈 1/2컵, 레몬즙
2큰술, 다진 양파 1큰술, 소금 1/4작은술, 흰후
추 1/4작은술

## {레시피

**1 아보카도 소스 만들기**  믹서에 분량의 갈은 아보카도, 마요네즈, 레몬즙, 다진
양파, 소금, 흰후추를 넣어 곱게 갈아준다.

**2 두부 으깨기**  두부는 으깨어 준 후 면보에 싸서 물기를 제거한다.

**3 두부 모양 만들기**  2의 두부를 소금 간하여 여러 번 치대어 동그랗게 만든다.

**4 아스파라거스 굽기**  달구어진 프라이팬에 올리브오일을 두르고 아스파라거스
를 구워준다. 소금, 후추로 간을 한다.

**5 아스파라거스에 두부 얹기**  접시에 아스파라거스를 놓고 그 위에 동그랗게 모
양낸 두부를 얹는다.

**6 소스 얹어내기**  5의 두부 위에 아보카도 소스를 얹어낸다.

*tip*
- 아보카도는 영양가가 높은 과일로 지방, 탄수화물, 단백질이 들어있고 비타민의 함량
도 높다. 드레싱을 만들거나 샐러드 등의 요리 재료로 쓰인다.
- 아보카도 껍질 벗기기 : 아보카도에 살짝 칼집을 넣어 비틀어 자른 다음 씨를 빼고
껍질을 벗긴다.
- 아스파라거스를 기름에 굽지 않고 끓는 물에 소금을 넣고 살짝 데쳐 내도 된다.

# 우묵콩국

진한 콩국물의 제맛을 살린 음식으로, 예전에는 서민들
의 보양식으로 이용되었으나 현대는 여성들의 다이어트
식으로 이용되고 있다. 콩물은 변비를 치료하고 군살을
빼는 데 효과적이다.

우묵 2봉, 무순 1팩, 볶은 콩가루 2큰술

**콩국물**
노란콩 6컵, 물 12컵, 볶은 참깨 8큰술, 소금 3작은술
*콩국물에 땅콩, 잣, 호두, 흑임자 등을 갈아 넣어 기호에
맞게 먹을 수 있다.

## {레시피

**1 노란콩 삶기**  노란콩은 물에 불려 껍질을 모두 벗겨서 분량의 물을 넣고 살
짝 삶은 다음 콩은 건져 내고 콩물은 식혀둔다.

**2 믹서에 갈기**  믹서에 콩, 콩물, 참깨를 넣고 곱게 갈아서 고운 천에 밭쳐 준
비한 다음 소금으로 간을 한다.

**3 우묵 채 썰기**  우묵은 곱게 채 썰어 준비한다.

**4 콩국물 부어주기**  그릇에 우묵을 담고 그 위에 무순을 올려 놓은 다음 **2**의 콩
국물을 부은 후 볶은 콩가루를 뿌려준다.

**tip** 콩국물 대신 두유를 써도 된다.
**재료** : 두유 2컵, 땅콩 1/2컵, 잣 2큰술, 생수 2컵, 소금 약간
1. 껍질 벗긴 땅콩과 꼭지 부분을 떼어낸 잣을 준비한다.
2. 믹서에 1을 생수와 함께 곱게 간다.
3. 2에 두유를 넣고 함께 간 다음 소금으로 간하다.

# 콩 샐러드

노란콩은 위장 기능 개선, 면역력 강화, 항암 효과, 비
만과 동맥경화 예방에 도움을 주고, 당뇨병과 같은 성
인병에도 좋은 식품이다.

## { 재 료

노란콩 10큰술, 방울토마토 5개, 베이비채소
20g, 올리브오일 1/4큰술, 허브가루 약간

### 두부 소스
생크림 3큰술, 다진 두부 120g, 올리브오일
1/2컵, 디종 머스터드 1작은술, 발사믹 식초 1작
은술, 다진 양파 2큰술, 간장 1/2작은술, 핫소스
1작은술, 레몬주스 1큰술, 소금 1/2작은술, 후추
약간

## { 레시피

1 **콩 삶기**  콩을 불려 끓는 물에 소금을 넣고 삶은 다음 식혀 놓는다.

2 **방울토마토 오일에 볶기**  방울토마토는 1/2등분하여 올리브오일, 허브가루
를 뿌려 프라이팬에 볶아준다.(허브가루가 없으면 파슬리나 셀러리 잎을 다
져 넣는다.)

3 **베이비채소 손질하기**  베이비채소는 깨끗이 씻어 찬물에 담갔다 체에 밭쳐
물기를 제거하여 적당한 크기로 잘라준다.

4 **샐러드 담아 내기**  볼에 *1, 2, 3*을 넣고 그릇에 담아낸다.

### tip 콩 샐러드에 어울리는 소스

1. **요거트 소스** : 플레인 요거트 1컵, 요구르트 3큰술, 꿀 1큰술, 레몬즙 1작은술, 식초
2큰술, 마요네즈 1/4컵

2. **애플 살사 소스** : 올리브오일 2큰술, 사과 1개, 오렌지 껍질 1작은술, 양파 2큰술, 화
이트와인 1큰술, 사과주스 1큰술, 사과식초 1작은술, 꿀 1큰술 (*살사 소스의 사과는
정사각형으로 잘게 썬다.)

3. **크리미 어니언 소스** : 마요네즈 1/2컵, 요구르트 3큰술, 다진 양파 4큰술, 생크림 1
컵, 식초 1큰술, 다진 마늘 2작은술, 설탕 2큰술, 소금 1/2작은술, 후추 약간

# 그린 샐러드와 두부 소스

**재 료**

모둠콩 50g, 상추 50g, 비타민 20g, 비트 1/4개, 소금 1작은술

**두부 소스 :** 연두부 1/2모, 레몬 1/2개, 올리브오일 2큰술, 다진 양파 2큰술, 흰후추 약간, 매실청 1큰술, 소금 약간

**레시피**

1 끓는 물에 소금을 넣고 콩을 삶아준다.

2 상추, 비타민은 찬물에 담가둔 후 체에 밭쳐 물기를 뺀 다음 알맞은 크기로 뜯어준다.

3 비트는 채썰어 찬물에 담가둔다.

4 믹서에 분량의 두부 소스 재료를 넣고 갈아준다.

5 접시에 2, 3의 채소를 담고 4의 소스를 뿌려준 후 1의 콩을 얹어낸다.

# 콩 모닝빵

## 재 료

강력분 250g, 이스트 2작은술, 설탕 2큰술, 소금 1/2작은술, 분유 1큰술, 버터 20g, 달걀 1/2개, 물 50mL, 검은콩 20g, 완두콩 20g, 콩 삶은 물 100mL

## 레시피

1 콩을 2~3시간 불린 후 물 200mL를 붓고 삶는다.

2 삶은 콩과 콩 삶은 물 100mL를 준비하여 믹서에 넣고 곱게 갈아준다.

3 반죽기에 이스트를 넣고 분유를 체쳐서 넣은 후 소금, 설탕이 서로 닿지 않도록 넣는다. 그리고 달걀, 물을 넣고 콩 간 것을 넣어준 뒤 반죽을 한다.

4 반죽기에서 1차 발효 후 가스가 빠져서 나온 반죽을 10등분하고, 젖은 면보에 씌워서 15분간 중간 발효를 한다. 중간 발효 후 손으로 주물러서 가스를 빼준다.

5 둥글게 성형한 후 콩을 넣어 팬에 올리고 따뜻한 곳에서 2차 발효를 45분간 해준다.

6 2차 발효가 끝난 후 골고루 우유를 발라서 160℃로 예열된 오븐에서 14분 동안 구워낸다.

옛 문헌으로 본  콩

문헌에 따르면 콩의 원산지는 한반도와 만주로, 수세기 동안 우리나라를 비롯해 여러 아시아 국가들이 주식으로 삼아온 식품이다.

콩은 식물성 단백질이 풍부하고 껍질이 단단해서 장기간 저장이 가능해 예로부터 우리 선조들은 콩을 가공해 두부, 된장, 간장 등 다양한 종류의 전통 식품을 만들어 먹었다.

이렇듯 콩 식품이 발달한 이유는, 탄수화물이 80%를 차지하는 쌀이 주식인 우리 민족에게 단백질이 풍부한 콩은 훌륭한 영양 보충원이 되었기 때문이다.

## 옛 문헌에 따른 콩의 성능

### 혈당지수(GI) 낮아 혈당 관리에 탁월

동의보감에 의하면 '소갈증에 콩이 좋다'라고 나와 있을 만큼 콩과 당뇨의 관계는 오래 전부터 알려져 있다. 콩이 당뇨에 좋은 이유는 혈당지수가 낮기 때문이다. 혈당지수(Glycemic Index:GI)란 식품을 섭취한 후 혈당이 올라가는 속도를 포도당을 섭취했을 때를 기준으로 백분율로 나타낸 수치 값을 말한다. 이 지수가 낮은 것이 당뇨 환자에게 좋은 음식인데, 콩은 혈당지수가 18로 매우 낮은 식품군에 속하며 다른 곡류와 비교해도 혈당지수가 낮아 당뇨 환자의 혈당 조절에 적합한 식품이다.

혈당지수는 탄수화물 종류와 섬유소, 지방 함량에 따라 달라지는데 콩의 탄수화물은 주로 복합 탄수화물인 올리고당과 섬유소이기 때문에 혈당지수가 낮아서 콩을 먹어도 혈당이 급격히 올라가지 않는다.

콩과류가 당뇨병에 미치는 영향을 조사하기 위하여 미국 내슈빌 의과대학 반데르빌트 역학연구센터에서 64명의 여성들을 대상으로 역학조사를 실시한 결과 콩류를 섭취한 군에서는 당뇨 발병 위험성이 39%, 콩 식품을 섭취한 군에서는 47%가 미섭취 군보다 현저하게 감소되는 것이 관찰되었다.

이처럼 콩 속에 들어있는 콩 단백질, 콩 식이섬유소 등이 공복 시 혈당을 낮춰주고, 포만감을 부여해 줘 당뇨 환자의 혈당 관리를 위해 꾸준히 연구되고 있다.

### 혈당을 낮추는 데 도움을 주는 콩의 성분

혈당을 저하시키는 데 도움을 주는 콩의 성분에는 콩 식이섬유, 콩 올리고당, 트립신 저해제, 피니톨 등이 있다.

콩 수용성 식이섬유소는 장으로 흡수된 후 스펀지처럼 크게 팽창되어 위장에 오래 머물면서 소화가 천천히 일어나도록 한다. 그 결과 포도당의 흡수가 서서히 일어나게 되어 혈압 상승을 둔화시켜 혈당 저하에 효과적이다.

콩 올리고당은 심장 질환을 일으킬 수 있는 간의 중성지방을 감소시켜 심장 질환의 발생을 낮춘다.

트립신 저해제는 단백질 분해 효소 저해제로 혈액 내 지질 농도를 개선하는 효과가 있으며 당뇨병 합병증인 심혈관 질환을 예방하고 치료할 수 있는 물질이다.

피니톨은 인슐린 저항성 개선을 통해 혈당 조절에 도움을 주는 물질이다.

# 콩과 메주 & 장

## 메 주

「증보산림경제(1766)」, 「주찬(1800년대)」, 「간편조선요리제법(1934)」, 「조선무쌍신식요리제법(1943)」, 「조선요리법(1938)」, 「우리나라 음식 만드는 법(1954)」 등의 옛 문헌에 메주에 대한 기록이 있다.

1. 콩을 양에 상관없이 일어 돌과 모래를 솎아 내고 물에 담가 하룻밤 재워 걸러 낸 다음 큰 솥 안에 넣고 물을 부어 푹 삶아 충분히 익힌다.

2. 하룻밤 지난 뒤에 꺼내어 절구에 넣고 진흙처럼 곱게 찧은 다음 손으로 문질러 둥글게 만든다.

3. 중간 크기의 수박(西苽) 모양으로 만들어 큰 칼로 두 조각을 내고 그것을 다시 가로로 갈라 반달 모양으로 만들며 1치 남짓 되게 자른다.

4. 이것을 가마니나 띠풀 따위로 두텁게 덮어 바람이 새거나 비가 스며들지 않도록 하면 메주 조각이 절로 발효된다.

5. 곰팡이가 피면 덮개를 열어 한번 뒤집어 준 다음 다시 덮는데, 이렇게 하기를 8~9차례 하면 저절로 시간이 지체되어 수십 일이 지나면 거의 다 잘 마르게 된다.

### 고추장

❶ 콩 한 말 메주 쑤려면 쌀 두 되 가루 만들어 흰 무리
  떡 쪄서 삶은 콩 찧을 때 한데 넣어 곱게 찧는다.
❷ 메주를 줌 안에 들게 작게 쥐어 띄우기를 법대로 하
  여 꽤 말리어 곱게 가루 만들어 체에 쳐 놓는다.
❸ 메주 가루 한 말이거든 소금 너 되를 좋은 물에 타 버무
  리되 질고 되기를 의이만치 하고 고춧가루를 곱게 빻아서 닷 홉이
  나 칠 홉을 식성대로 섞는다. (1홉은 약 180mL를 기준으로 한다.)
❹ 찹쌀 두 되를 밥 질게 지어 한데 고루 버무리고, 혹 대추 두드린 것과 포육가루와
  화합하고 꿀을 한 보시기만 쳐 하는 이도 있다.


### 간장 및 장

  메주 한 말당 소금 한 말을 물 한동이에 녹여 체에 걸러서 담은 다음, 마른 소금을
그 위에 많이 덮고 양지 바른 곳에 둔다. 장을 담글 때 나머지 소금물을 줄어든 만큼
수시로 덧부으면 익은 장이 많이 난다.


### 어육장

  큰 독을 고석으로 싸 땅에 묻는다. 쇠고기 한 보를 기름과 심줄을 없애고 생치와
닭 각 10마리도 내장을 없애고, 도미나 민어 10마리를 내장과 비늘과 머리를 다 없
앤 후 볕에 말리고, 생복, 홍합 두어 개씩 깨끗이 씻어 쇠고기를 먼저 넣는다. 그 나
머지 여러 가지를 위에 넣어 물을 끓여 다시 식혀 메주 1말에 소금 1홉씩 타서 법대
로 담가 단단히 봉하고 뚜껑도 덮고 흙을 아주 묻어 물이 안 들게 하였다가 수년만
에 열어 먹으면 장맛이 비상하게 좋다.


### 두부장

  두부 2모를 갈베자루에 넣고 방망이로 두들겨 짓이긴 후에 깨소금을 볶아 가루로

만든 1되와 고춧가루 5홉과 생강가루 5홉을 한데 버무려서 두부 베자루에 넣고 된 장 밑에 깔아둔다. (규곤요람, 1869)

## 급히 장 만드는 법

메주를 따뜻한 물에 며칠간 담가두어 다 스며들기를 기다리고, 항아리가 들어갈 4~5자리를 땅을 파서 잘 두는데, 항아리 주둥이를 지면과 평평하게 하고, 항아리의 사면에 왕겨, 쭉정이, 보리까끄라기 따위를 채우고 정해진 방법에 따라 항아리에 장을 담근다.

그런 다음 왕겨에 불을 놓아 불이 골고루 퍼진 뒤에 이따금씩 물을 뿌리면 불이 쉽게 꺼지지 않으면서 왕겨 속으로 계속 타 들어가기를 그치지 않는다. 10일쯤 되면 장이 완성된다. (증보산림경제, 1766)

# 건 콩고기

**콩**에서 단백질 성분을 추출하여 만든 식물성 식품으로, 육류의 질감을 재현해서 만든 것이 콩고기이다.

고기와 똑같은 맛은 아니지만 장기 보관이 간편하도록 건조시킨 형태이다. 고기 대용으로 쉽고 간편하게 사용할 수 있다.

건 콩고기는 조리 전에 반드시 미지근한 물에 불린 다음 물기를 꼭 짜서 사용한다. 건 콩고기는 조리 시 양념을 많이 흡수하므로 일반 육류를 조리할 때처럼 양념장에 재워두는 과정은 생략하는 것이 조리 포인트이다.

### 콩고기 만드는 법

**재 료** 콩 130g, 글루텐 200g, 견과류 한 줌, 카레가루 · 허브가루 · 후추 약간씩, 물 1컵, 비트 우려낸 물

**만들기**
1. 콩을 충분히 오래 불린 후 껍질을 벗겨준다.
2. 껍질 벗긴 콩과 견과류, 물 1컵을 넣고 믹서에 곱게 갈아준다.
3. 곱게 간 콩에 카레가루, 허브가루, 후추, 비트 우려낸 물을 넣고 잘 저어준다.
4. 글루텐 200g을 넣고 20~30분 동안 반죽한다.
5. 찜기에 면보를 깔고 용도에 맞게 모양을 만들어 충분히 쪄 준다.
6. 찐 콩고기를 식힌 후 건조한다.
* 개별 포장하여 냉동고에 넣어두면 오래 보관할 수 있다.

**Tip** 카레가루, 허브가루(타임, 바질) 등은 글루텐 특유의 냄새를 제거해 준다.
반죽을 오래할수록 고기와 같은 식감이 살아난다.

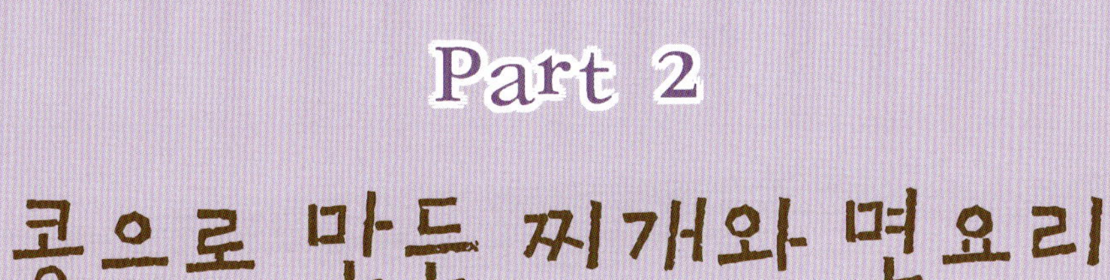

# Part 2

# 콩으로 만든 찌개와 면요리

# 두부감자 매운찌개

두부에 함유된 레시틴은 열에 강해 조리해도 쉽게 파괴되지 않는
다. 그렇기 때문에 오래 끓여야 하는 찌개나 전골에 두부를 넣어
도 영양소 손실 없이 먹을 수 있다.

## { 재 료

찌개용 두부 1/2모, 돼지고기 목살 200g, 감자 2개, 양파 1/2개, 대파 1대, 청고추·홍고추 1개씩, 멸치 다시마 육수 6컵, 소금·후추 약간씩

**돼지고기 양념**
고추장 4큰술, 국간장 1/2큰술, 고춧가루·다진 마늘·청주 1큰술씩, 생강즙 1작은술

## { 레시피

1 **두부 썰기**  두부는 면보에 감싸 물기를 없앤 뒤 3등분해서 1cm 두께로 썬다.

2 **돼지고기 밑간하기**  분량의 재료를 섞어 고기 양념을 만든 뒤 반 정도만 덜어 도톰하게 썬 돼지고기에 밑간한다.

3 **채소 손질하기**  감자는 껍질을 벗겨 두툼하게 썰고, 양파는 깨끗이 손질하여 채 썬다. 대파와 청·홍고추는 깨끗이 다듬어 어슷하게 썬다.

4 **돼지고기 넣기**  2의 양념한 돼지고기를 냄비에 넣고 볶다가 육수를 붓고 남은 양념을 넣어 잘 풀어준다.

5 **찌개 끓이기**  4가 끓어오르면 감자를 넣고 끓이다가 양파를 넣는다. 감자가 거의 익으면 두부를 넣고 자작하게 끓여준다.

6 **양념 간하기**  감자가 익으면 대파와 청·홍고추를 넣고 소금과 후추로 간한다.

**tip 멸치 다시마 육수 끓이기**
**재 료** : 국물용 멸치 200g, 다시마 5×5cm, 무 200g, 물 5컵
1. 찬물에 굵은 멸치와 다시마를 넣고 끓인다.
2. 끓으면 5분 후에 불을 끄고 멸치와 다시마, 무를 건져낸다.

# 두부 전골

두부에는 정자를 만들고 전립선 암을 예방
하는 아르기닌 등의 아미노산이 풍부하게
들어있다. 피곤해하거나 기력 없어하는 남
편에게 두부 요리를 해 주면 좋다.

## { 재 료

쇠고기 양지육 150g, 두부 1모, 포도씨유 약간, 애호박 1개, 홍고추 1개, 대파 1/2대, 풋고추 1개, 표고버섯 2개, 팽이버섯 1봉지, 무 200g, 양지 육수 4컵, 국간장 1큰술, 청주 · 소금 · 후추 약간씩

### 고기 양념
진간장 1큰술, 다진 파 · 다진 마늘 1작은술씩, 설탕 · 후추 약간씩

## { 레시피

1 **쇠고기 양념하기**  쇠고기는 핏물을 제거하고 육수를 우려낸 뒤 고기는 건져서 분량의 고기 양념 재료를 넣어 조물조물 무친다.

2 **두부 부치기**  두부는 반 갈라 1cm 두께로 자르고 소금, 후추로 밑간한 뒤 포도씨유를 두른 프라이팬에 노릇노릇하게 지진다.

3 **채소 썰기**  애호박은 0.5cm 두께로 반달썰기하고, 대파와 풋고추는 4cm 길이로 채 썬다. 무는 납작하게 썰어준다.

4 **버섯 손질 및 썰기**  표고버섯은 밑동을 자른 뒤 채 썰고, 팽이버섯은 밑동을 자른 뒤 가닥을 나눈다.

5 **전골팬에 재료 올리기**  전골팬에 무를 깔고 채소의 색을 맞추어 두부와 함께 돌려 담는다. 가운데는 양념된 고기를 얹고 육수를 자박하게 붓는다.

6 **양념 간하기**  국간장과 청주, 소금, 후추로 간하고 한소끔 끓인다.

- 기호에 따라 고춧가루나 신 배추김치를 넣는다. 두부를 한 번 지져 넣으면 전골을 끓이는 동안 부서지지 않아 좋다.
- 멸치 다시마 육수를 사용하면 시원한 맛의 전골을 끓일 수 있다.
- 전골의 깔끔한 맛을 내기 위해 청주를 약간 첨가하는 것이 좋다.

# 두치국

콩에 함유된 단백질 성분은 익혀 먹어야 소화 흡수가 잘
된다. 유산균이 풍부한 김치를 콩에 곁들이면 소화 기능의
향상은 물론 항암 효과도 높아진다.

## { 재 료

생콩가루 1컵, 다시마물 5컵, 돼지고기 목살 150g, 신 배추김치 1/6포기, 참기름 1큰술

**돼지고기 양념**
새우젓 1/2큰술, 다진 마늘 1큰술, 생강즙 1작은술, 후추 약간

## { 레시피

1 **콩가루 물에 풀기**  생콩가루에 다시마물을 부어가며 멍울 없이 풀어준다.

2 **돼지고기 무치기**  돼지고기는 먹기 좋게 썬 뒤 분량의 양념 재료를 넣어 조물조물 무친다.

3 **배추김치 버무리기**  배추김치는 소를 털어내고 3~4cm 길이로 썬 뒤 참기름을 넣어 버무린다.

4 **돼지고기 볶기**  냄비에 돼지고기를 볶다가 고기가 익으면 김치를 넣고 볶는다.

5 **국 끓이기**  4에 1을 부은 뒤 저어가며 끓이다 끓어오르면 불을 줄이고 콩물에 간이 밸 때까지 뚜껑을 덮어 은근하게 끓인다.

*tip*  김치의 소금간 때문에 콩가루가 금방 몽글몽글해지므로 김치를 넣고 나면 주걱으로 저어가며 끓인다.

### [응용요리] 된장 배추찜

**재 료** : 배추 1/2통, 물 3큰술, 들기름 1큰술, 된장 2큰술, 돼지 사태 300g, 양파 1개

**만드는 법**

1. 돼지 사태는 핏물을 제거하고, 양파를 넣어 끓는 물에 삶아 건져낸다.

2. 배추는 한 장씩 뜯어 깨끗하게 씻는다.

3. 냄비에 삶아낸 사태, 배추를 넣고 들기름과 된장을 넣어 골고루 간이 배게 뒤적여 준 다음 쪄낸다.

# 순두부 모시 조개탕

두부에 함유된 레시틴과 이소플라본은 체내 콜레스테롤 수치
를 낮춰 성인병을 예방한다. 타우린이 가득한 어패류와 함께
먹으면 피로 회복에도 효과적이다.

다시마 5×5cm 2개, 물 5컵, 모시조개 1컵, 순두부 1봉지,
대파 1/2대, 홍고추 1/2개, 팽이버섯 1/2봉지, 소금 · 후추
약간씩

**양념 간장**
진간장 3큰술, 다진 마늘 1/2큰술, 다진 풋고추 · 홍고추 1큰
술씩, 참기름 · 고춧가루 2작은술씩, 통깨 약간

## { 레시피

1 **다시마물 끓이기**  냄비에 다시마와 물을 넣고 끓이다가 물이 끓으면 다시마는
  건져낸다.

2 **국물 준비하기**  해감시킨 모시조개를 *1*에 넣고 입이 벌어질 때까지 끓인 뒤
  체에 걸러 국물을 따로 담아둔다.

3 **순두부 썰기**  순두부는 큼직하게 떠낸 뒤 국간장을 뿌려 준비한다.

4 **채소 손질하기**  대파와 홍고추는 어슷하게 썰고, 팽이버섯은 밑동을 잘라낸다.

5 **순두부 넣기**  *2*의 국물을 팔팔 끓이다가 순두부를 넣는다.

6 **재료 넣고 끓이기**  *2*의 모시조개와 *4*의 채소를 *5*에 넣고 한소끔 끓인 뒤 소
  금, 후추로 간한다.

7 **양념 간장 곁들이기**  분량의 재료를 섞어 만든 양념 간장을 곁들여 낸다.

*tip*
• 조개는 육수를 내고 건졌다가 나중에 넣어야 질겨지지 않는다.
• 양념 간장에 부재료로 달래를 다져 넣어주면 씹히는 맛과 향이 좋아 식욕을 촉진시킨다.

# 우거지 콩가루국

고소한 맛이 일품인 콩가루는 식욕을 돋우고 체력을 향상시킨
다. 칼슘이 풍부한 우거지와 함께 먹으면 암과 당뇨병 예방에
도움이 된다.

## { 재 료

삶은 우거지 150g, 멸치 1줌, 물 7컵, 다시마(10×10cm) 1장, 콩가루 5큰술, 대파 1/2대, 풋고추 · 홍고추 1개씩, 된장 4큰술, 다진 마늘 1/2큰술, 국간장 약간

## { 레시피

1 **우거지 손질하기**  우거지는 끓는 물에 소금을 넣고 데친 후 물기를 짜준 다음 된장 2큰술에 살짝 무쳐준다.

2 **국물 내기**  내장을 뺀 멸치를 냄비에 살짝 볶다가 물과 다시마를 넣고 중불로 한소끔 끓여 체에 밭쳐 놓는다.

3 **우거지에 콩가루 묻히기**  넓은 접시에 콩가루를 체쳐서 넓게 펼친 뒤 우거지를 굴려 골고루 무친다.

4 **채소 썰기**  대파와 풋고추 · 홍고추는 어슷하게 썬다.

5 **된장 풀기**  냄비에 2의 국물을 넣고 끓이다가 남은 된장을 풀고 다시 한 번 팔팔 끓인다.

6 **국 끓이기**  5에 3의 우거지와 다진 마늘을 넣고 한소끔 끓이다가 대파와 고추를 넣고 기호에 따라 국간장으로 간을 맞춘 뒤 불에서 내린다.

*Tip*  비닐봉투에 우거지와 콩가루를 넣어 흔들어 주면 골고루 섞인다.

### 콩가루 보관 및 활용

콩가루는 오랫동안 보관이 가능하고 된장국이나 나물 무침에 넣어 고소한 맛을 내거나 칼국수를 만들 때 밀가루 반죽에 섞는 등 다양한 요리에 활용할 수 있다. 냉동실에 보관할 때는 방습제를 같이 넣어 가루가 뭉치지 않도록 한다.

# 연두부 달걀국

두부보다 부드럽고 순두부보다 단단한 연두부는 보통 생식용으로 많이 먹기도 하며, 숙취로 속이 아플 때 편하게 먹을 수 있다.

연두부 1모, 달걀 2개, 대파 1/2대, 다시마물 5컵, 국간장 1
큰술, 소금 · 후추 · 깨소금 약간씩

## {레시피

1 **연두부 물기 없애기**  연두부는 숟가락으로 큼직하게 뜬 후 소금, 후추로 밑
간하고 체에 밭쳐 물기를 제거한다.

2 **다시마물 끓이기**  찬물에 다시마를 넣고 끓으면 다시마를 건져내어 국물을
준비한다.

3 **대파, 달걀 준비하기**  대파는 송송 썰고, 달걀은 풀어 준비한다.

3 **간 맞추기**  냄비에 2를 넣고 국간장과 소금으로 간을 맞춘 후 미리 풀어 준
비한 달걀을 젓가락으로 돌려가며 넣는다.

4 **국 끓이기**  달걀이 몽글몽글해지면 연두부를 떠 넣고 한소끔 끓인 뒤 그릇에
담아 송송 썬 파를 얹어낸다.

• 연두부는 미리 밑간한 뒤 물기를 빼서 국물에 넣어야 국이 싱거워지지 않는다.
• 국물을 시원하게 하려면 토마토를 넣어 국을 끓인다.

# 청국장

콩을 발효시킬 때 생성되는 나토키나제는 천연 혈전용해효소
이다. 청국장을 섭취하게 되면 위나 장에서 식품의 흡수율을
높이고 혈관 안에 축적된 콜레스테롤을 분해하는 작용을 하기
때문에 성인병 예방에 좋다.

청국장 1/4컵, 물 4컵, 국물용 멸치 1줌(10마리), 다시마(5×5cm) 2개, 표고버섯 4장, 청·홍고추 1개씩, 두부 1/2모, 무 1/4개, 대파 1/2대, 다진 마늘 1작은술, 묵은지 1/4쪽

## { 레시피

1 **다시물 재료 준비하기**  멸치는 머리와 내장을 떼어내고, 다시마는 마른 행주로 깨끗이 닦아 준비한다. 무는 나박나박 썰어둔다.

2 **다시물 끓이기**  냄비에 물과 멸치, 다시마를 넣고 끓인다. 다시물이 끓어오르면 다시마를 꺼내고 5분간 더 끓인다. 멸치를 건져내고 무를 넣고 한소끔 끓인다.

3 **재료 썰기**  고추와 대파는 어슷썰고, 표고버섯은 모양을 살려 도톰하게 채 썬다. 두부는 3×4cm의 한입 크기로 썰고, 묵은지는 송송 썰어 둔다.

4 **청국장 풀기**  무가 투명하게 익으면 표고버섯과 고추, 대파를 넣고 청국장을 풀어준다.

5 **마늘, 두부 넣기**  4가 끓으면 다진 마늘을 넣고, 두부를 올려 한소끔 끓인 뒤 불에서 내린다.

tip  청국장은 잡균으로 인하여 끓여서 섭취하고, 불에 오래 가열하면 잡균도 제거되지만 유익한 균도 같이 파괴되므로 되도록 국이나 찌개로 먹을 경우에는 끓이는 시간을 5분 이내로 하는 게 좋으며, 요리 마지막에 넣으면 된다.

# 두부 된장찌개

콩을 주된 재료로 한 된장이 일반 콩보다 영양가가 뛰어난 이유
는 콩이 발효 과정을 거치면서 더 많은 영양 물질을 생성하기
때문이다. 된장은 골다공증 및 폐경기 증후군을 예방할 뿐만 아
니라 유방암, 전립선암, 폐암 등을 예방하는 역할을 한다.

두부 1/2모, 된장 4큰술, 쇠고기 100g, 불린 표고버섯 2개,
느타리버섯 40g, 참기름 1작은술, 양파 1/2개, 청양고추 1개,
대파 1대, 다진 마늘 1작은술, 멸치 육수 2컵

{ 레시피

1 **두부, 고기 썰기**  두부는 1×2cm의 크기로 썰고, 쇠고기는 잘게 썬다.

2 **버섯 손질하기**  불린 표고버섯은 채 썰고, 느타리버섯은 끓는 물에 데쳐 결대로 찢는다.

3 **채소 썰기**  양파는 사방 2cm 크기로 썰고, 청양고추와 대파는 어슷썬다.

4 **쇠고기 볶기**  냄비에 참기름을 두르고 마늘을 볶다가 쇠고기를 넣고 볶는다.

5 **재료 볶기**  4에 표고버섯, 느타리버섯과 양파를 넣고 볶다가 된장과 멸치 육수를 넣고 끓인다.

6 **찌개 끓이기**  5에 두부와 대파, 청양고추를 넣고 한소끔 끓여 완성한다.

tip
- 집된장이 짤 때는 일본식(미소) 된장과 섞어서 사용하면 짠 맛이 덜해진다.
- 뚝배기 용기는 계속 끓이지 않아도 따뜻한 찌개 맛을 오래도록 느낄 수 있게 해주는 한국형 식기이다. 된장찌개는 뚝배기에 보글보글 끓여야 국물의 참맛을 오래도록 느낄 수 있다.
- 발효된 집된장은 오래도록 푹 끓여야 제맛이 난다.

### 멸치 육수 끓이기
**재  료** : 국물용 멸치 20마리, 대파 1줄기, 작은 무 1/4개, 물 5컵
**만들기** : 준비된 재료를 물에 넣고 1시간 정도 끓인 후 멸치와 부재료를 건져내고 식힌다.

# 생선 유부 전골

전골은 철에 따라 나오는 신선한 고기, 생선, 채소들을 끓여서 먹는
것이기 때문에 맛이 독특하고 영향소 배합이 훌륭한 요리이다.

도미 1마리, 쇠고기 간 것 300g, 새우 2마리, 표고버섯 2개, 팽이버섯 1/2개, 호박 1/4개, 홍고추 1개, 당면 100g, 미나리 50g, 전분가루 약간, 다진 마늘 1작은술, 다진 파 1큰술

**고기, 버섯 양념**
간장 1큰술, 다진 마늘 1작은술, 참기름 1작은술, 청주 1큰술, 후추 약간

**1 도미 포 뜨기**  도미는 6cm, 4cm 크기로 얇게 포를 뜬다.

**2 유부 주머니 만들기**  유부는 칼을 이용하여 주머니를 만든다.

**3 당면 삶기**  당면은 적당히 삶아서 체에 밭쳐 물기를 뺀 후 1cm 정도로 잘게 썰어놓는다.

**4 육수 만들기**  냄비에 적당량의 물을 붓고 끓으면 불을 끄고 다시마와 가쓰오부시를 20분간 넣었다 빼서 육수를 만든다. 소금으로 간을 한다.

**5 미나리 데치기**  미나리는 뿌리와 잎을 떼고 다듬은 뒤 소금을 약간 넣어 데쳐낸다.

**6 쇠고기 무치기**  쇠고기는 양념(간장, 다진 마늘, 참기름, 청주, 후추)을 하여 무친다. 가늘게 채 썬 버섯도 양념을 하여 무친다.

**7 재료 혼합하기**  재료를 혼합한다. 당면과 양념된 쇠고기와 버섯을 섞어 버무린다.

**8 도미포롤 만들기**  도미포를 전분가루에 골고루 묻혀 모양을 잡아준 다음 넓게 펴서 속을 넣은 후 3cm 두께로 김밥 말듯이 굴려가며 말아준다.

**9 유부 주머니 속 채우기**  유부 주머니에도 *8*의 속을 채우고 미나리로 묶어준다.

**10 전골 끓이기**  전골냄비에 유부 주머니를 가장자리에 돌려 놓은 다음, 중앙에 도미롤을 넣고 준비된 재료와 육수, 다진 마늘, 다진 파를 넣어 끓인다.

# 검은콩 크림 파스타

**재 료**

스파게티 면 160g, 빨간 파프리카 1/2개, 노란 파프리카 1/2개, 양파 1/2개, 마늘 3쪽, 두유 2컵, 생크림 1컵, 불린 검정콩 1컵, 비타민 또는 루꼴라 약간, 바질가루 · 소금 · 후추 약간씩, 올리브오일 약간

**레시피**

1 믹서에 두유와 검정콩을 넣고 곱게 갈아 콩국물을 만든다.

2 빨간 · 노란 파프리카는 채 썰고, 마늘은 편으로 썰고, 양파는 다진다.

3 끓는 물에 소금과 스파게티 면을 넣고 8분 가량 삶아 건진다.

4 달구어진 프라이팬에 올리브오일을 두르고 마늘과 양파를 볶는다.

5 4에 파프리카를 넣고 볶다가 1의 콩국물과 생크림을 넣고 끓이다 바질가루를 넣는다.

6 5에 삶은 스파게티를 넣고 버무리듯 볶다가 소금과 후추로 간을 한다.

# 콩고기볼 스파게티

**재 료**

스파게티 면 160g, 불린 콩고기 150g, 토마토 1개, 양파 1/2개, 블랙 올리브 4개, 그린 올리브 4개, 마늘 3쪽, 토마토 소스 3컵, 바질가루 1작은술, 소금 · 후추 약간씩, 올리브오일 약간

**레시피**

1 불린 콩고기에 소금, 후추, 바질가루, 올리브오일을 넣고 밑간을 한다.

2 토마토는 십자로 칼집을 낸 뒤 끓는 물에 데쳐 찬물에 씻어 껍질을 벗긴다.

3 토마토는 잘게 썰고, 양파는 다진다.

4 블랙 · 그린 올리브는 링으로 썰고, 마늘은 편으로 썬다.

5 끓는 물에 소금과 스파게티 면을 넣고 8분 가량 삶아 건진다.

6 달구어진 프라이팬에 올리브오일을 두르고 마늘과 양파를 볶는다.

7 6에 콩고기, 올리브를 넣고 볶다가 토마토 소스와 잘게 썬 토마토를 넣고 바질가루를 넣는다.

8 7에 삶은 스파게티를 넣고 버무리듯 볶다가 소금, 후추로 간을 한다.

# 블랙빈 소스 볶음면

블랙빈 소스(black bean sauce)는 검정콩으로 만든 중국의 대표적인 발효 식품으로, 주로 볶음류의 소스나 짜장면에 쓰인다.

쌀국수 50g, 숙주 90g, 양배추 50g, 부추 30g, 당근 25g,
양파 50g, 대파 20g, 고추기름 3큰술, 다진 마늘 1큰술

**볶음 양념장**
블랙빈 소스 2큰술, 청주 2큰술, 피시 소스 1과1/2작은술,
다시마 육수 4큰술, 소금 · 후추 약간씩

{ 레시피

1 **쌀국수 불리기**  쌀국수는 미지근한 물에 담가 20분 정도 국수가 불투명하게
변할 때까지 불린다.

2 **채소 손질하기**  채소는 모두 깨끗이 씻은 후 숙주는 꼬리를 떼고, 양배추 ·
양파 · 당근은 굵게 채 썬다. 부추는 다른 채소와 같은 길이로 썬다.

3 **볶음 양념장 만들기**  볶음 양념장 재료를 모두 볼에 담고 섞어준다.

4 **쌀국수 볶기**  프라이팬에 고추기름을 두르고 다진 마늘을 넣어 마늘향이 나
도록 먼저 볶은 후 쌀국수를 넣고 함께 볶는다.

5 **볶음 양념장 넣기**  쌀국수가 반 정도 익으면 볶음 양념장과 양배추, 양파, 당
근을 넣고 볶는다.

6 **나머지 채소 넣기**  5의 채소가 어느 정도 익으면 부추, 숙주, 대파를 넣고 센
불에 살짝 볶아 완성한다.

*tip.* **피시 소스(fish sauce) :** 주로 동남아 지역에서 많이 먹는 생선이나 해물을 발효시킨
맑은 액체의 소스로 우리의 액젓보다 덜 짜다. 채소 샐러드, 볶음밥, 국물이 있는 요리
의 간을 할 때, 국수의 비빔 소스, 튀김이나 구이의 딥 소스로 다양하게 이용된다.
• 볶음면에 가쓰오부시를 살짝 뿌려내면 감칠맛이 더해진다.

# 채소 짜장면

채소 짜장면은 양파 등 다양한 채소로 인해 만성피로를 풀
어주고 신진대사를 원활하게 해 준다. 채소 짜장면은 다양
한 채소들을 맛있게 먹을 수 있는 음식이다.

생면 720g, 감자 200g, 새송이버섯 200g, 호박 200g,
양파 200g, 양배추 120g, 춘장 6큰술, 포도씨유 8큰술,
다진 마늘 1큰술, 다진 대파 4큰술, 설탕 1과1/2큰술,
굴소스 1과1/2큰술, 물 400mL, 물녹말 4큰술, 참기름 1큰술,
완두콩 2큰술

1 **채소 썰기**  채소는 모두 1cm 크기로 깍둑썰기한다.

2 **춘장 볶기**  프라이팬에 포도씨유 1큰술을 넣고 춘장을 넣어 약간 되직할 정도
로 5분 정도 볶는다.

3 **채소 기름 만들기**  다른 프라이팬에 포도씨유 1큰술을 두르고 다진 마늘, 다진
파를 넣고 향을 내어 채소 기름을 낸다.

4 **채소 볶기**  감자, 호박, 양파, 새송이버섯 순으로 볶다가 2의 춘장을 넣고 함
께 볶는다.

5 **양배추 볶기**  4에 물 400mL와 양배추를 넣어 볶은 다음 설탕, 굴소스로 간
을 한다.

6 **농도 맞추기**  5에 물녹말을 넣어 농도를 맞추고 참기름을 살짝 넣어 윤기를 낸다.

7 **면 삶기**  생면을 끓는 물에 넣고 삶는다.

8 **짜장 소스 얹기**  삶은 면 위에 짜장 소스를 얹은 후 완두콩을 얹어 낸다.

**tip  맛있게 춘장 볶는 법**

팬에 식용유를 넣고 160℃ 정도까지 온도를 올린 후 춘장을 넣고 나무주걱을 이용해
볶는다. 춘장의 농도가 묽어지면서 기포가 생기면 다 볶아진 것이다. 농도는 나무주걱
에서 흘러내리는 정도로 한다.

# 모시조개 콩칼국수



**재 료**

콩칼국수(시판용 생면) 2인분, 모시조개 100g, 육수 5컵, 홍고주 1개, 청양고추 1개,
다진 마늘 1/2큰술, 국간장 1큰술, 소금 약간

**육수**

다시마(10×10cm) 1개, 보리새우 1/2컵, 대파 1대, 양파 1/2개, 물 10컵

**레시피**

1 모시조개는 해감시키고, 홍고추와 청양고추는 어슷하게 썬다.

2 냄비에 육수를 넣고 끓으면 콩칼국수를 넣고 끓인다.

3 콩칼국수가 끓기 시작하면 모시조개와 홍고추, 청양고추를 넣고 끓인다.

4 콩칼국수가 익으면 다진 마늘과 국간장, 소금으로 간을 하여 완성한다.

*tip* 면은 날 콩가루를 넣고 반죽해서 냉장고에 넣어 놓았다가 사용하면 면발이 더욱 쫄깃한
식감을 느낄 수 있다.

# 서리태 콩국수

**재 료**

서리태 200g, 우유 5컵, 소면 80g, 방울토마토 1개, 깻잎 2장, 소금 약간

**레시피**

1 서리태는 깨끗이 씻어 하루 정도 물에 불린다.

2 냄비에 서리태를 담고 콩이 잠길 정도로 물을 부어 삶은 뒤 찬물에 담가 식힌다.

3 믹서에 2와 우유를 넣고 곱게 간 뒤 냉장고에 넣어 차게 둔다.

4 끓는 물에 소면을 넣고 삶은 뒤 흐르는 물에 식힌다.

5 3에 소금 간을 한 뒤 그릇에 소면과 함께 깻잎 채, 방울토마토를 담아낸다.

*tip*

물 대신 우유나 두유를 사용하면 더욱 고소하다. 흑임자를 약간 넣어주면 보기에도 좋다.

# 코코넛 콩 커리

커리에 함유된 커큐민이라는 색소 성분은 항산화 및 항암 기능이 있다. 또한 뇌세포 파괴 단백질이 축적되는 것을 막아 알츠하이머 발병 예방에 효과가 있다.

카레가루 1봉지(3~4인분), 모둠콩 100g, 껍질콩 50g, 닭가
슴살 500g, 다진 양파 1개, 코코넛 밀크 3컵, 호박 1/2개, 가
지 1개, 셀러리 2대, 바질 적당량, 소금 또는 피시 소스 약간,
포도씨유 적당량

{레시피

1 **카레 풀기**  카레가루는 코코넛 밀크에 잘 풀어준다.

2 **재료 손질하기**  재료는 깨끗이 씻은 후 양파는 다지고, 닭가슴살 · 호박 · 가
지는 적당한 크기로 잘라준다.

3 **재료 준비하기**  껍질콩은 반으로 썰고, 모둠콩은 불려서 삶아 물기를 제거하
고, 셀러리는 어슷썬다.

4 **카레 만들기**  냄비에 기름을 두르고 다진 양파를 넣어 볶다가 *1*의 카레를 넣
고 볶는다.

5 **마무리하기**  *4*가 끓으면 *2, 3*의 재료를 넣고 15~20분간 더 끓인 다음 피시
소스로 간을 한 후 바질을 넣어 담아낸다.

*tip*
- 파인애플, 코코넛, 파파야, 망고 등의 열대과일을 넣으면 달콤하고 이국적인 맛을 낼
  수 있다.
- 간을 맞출 때 피시 소스를 넣어 감칠맛을 더해 준다.

# 낫또 돈부리

콩속에는 건강에 이로운 물질들이 많이 함유되어 있는데 그중
에서도 이소플라본이 식물성 에스트로겐으로 여성의 유방암
예방에 큰 효능이 있다.

**깻잎낫또 돈부리**
낫또 1팩, 밥 1공기, 깻잎 5장, 풋고추 3개, 연겨자 · 간장
약간씩

**김치낫또 돈부리**
낫또 1팩, 밥 1공기, 김치 1/4컵, 참기름 · 통깨 약간씩

{레시피

● 깻잎낫또 돈부리

1 **채소 준비하기**  깻잎은 채 썰고, 풋고추는 얇게 어슷썰어 준비한다.

2 **낫또 실 내기**  낫또는 나무젓가락으로 계속 저어 실을 낸다.

3 **낫또 밥에 올리기**  오목한 볼에 밥을 담고 1의 채소를 담은 후 실을 낸 낫또
를 올려 담는다.

● 김치낫또 돈부리

1 **김치 채 썰기**  김치를 곱게 채 썰어 준비한다.

2 **낫또 실 내기**  낫또는 나무젓가락으로 계속 저어 실을 낸다.

3 **낫또 밥에 올리기**  오목한 볼에 밥을 담고 1의 김치를 담은 후 실을 낸 낫또
를 올려 담는다.

- **낫또** : 청국장과 유사한 일본의 전통 식품이다. 대두를 낫또균을 이용해 발효시킨 콩
  제품으로 일본인들이 아침 식사로 즐겨 먹는다.
- 쌀 대신 현미와 같은 통곡식으로 지은 밥은 위와 장의 운동을 촉진시켜 소화에 도움
  이 되는 음식으로, 위장 질환의 치료 효과를 볼 수 있다.

# 콩나물밥

콩나물에는 비타민 B₁, B₂, C 등이 많이 들어있고, 육류와 참
기름을 함께 섭취하면 영양가가 높아진다. 나물 중 단백질의
제왕으로 불리는 콩나물은 피로 회복에 좋으며 뇌세포에 산
소를 공급하고 젊음을 유지시켜 주는 영양 공급 성분이 있어
뇌 기능을 향상시켜 준다.

쌀 3컵, 쇠고기 100g, 콩나물 300g, 물 3과1/3컵

**양념장**
다진 파 2큰술, 다진 풋고추 1큰술, 깨소금 1큰술, 참기름 1큰
술, 고춧가루 1작은술, 간장 2큰술

## 레시피

**1 쌀 담가 불리기**  쌀은 밥 짓기 30분~1시간 전에 깨끗이 씻어 물에 담가 불린다.

**2 콩나물 손질하기**  콩나물은 뿌리를 자르고 콩깍지를 다듬은 뒤 물에 살살 흔
들어 씻는다. 소쿠리에 건져 물기를 뺀다.

**3 쇠고기 양념하기**  쇠고기는 채를 썬 후 간장, 파, 마늘, 참기름으로 양념한다.

**4 콩나물밥 짓기**  밑이 두꺼운 솥에 불린 쌀을 넣은 뒤 1/2의 콩나물과 쇠고기를
넣고 분량의 물을 붓고 밥을 짓는다. 밥물이 부르르 끓어오르면서 자작하게
졸아들면 남은 콩나물을 넣고 뚜껑을 꼭 닫아 불을 줄여 뜸을 들인다.

**5 양념장 곁들이기**  고슬고슬하게 뜸이 들면 콩나물밥을 골고루 비벼 그릇에 담
은 뒤 양념장을 만들어 곁들여 낸다.

**tip**  콩나물밥을 지을 때 밥물의 분량은 콩나물에서 물이 나오므로 보통 쌀밥보다 적게 잡
아야 한다.

### 콩나물 보관법
비닐봉지에 담아 파는 콩나물은 진공 상태가 아니면 냉장고에 넣어 두어도 누렇게 변색이 되기
쉽다. 공기 속에 내놓으면 변색되므로 사온 즉시 깨끗이 씻어 물에 담가 두는 것이 좋다.

# 검정콩 |서목태, 쥐눈이콩, 약콩|

**생김새**  검정콩 껍질은 까맣고 윤이 난다. 한방에서 약으로 널리 쓰여 약콩이라고도 불린다. 예전에는 요리에 활용되지 않았으나, 최근에는 몸에 좋다고 해서 밥에 넣어 먹는다. 체내에서 해독작용과 지방을 분해하는 효과가 탁월하여 식초콩을 만들어 먹는 초콩의 재료가 된다. 일부에서는 보통 검정콩보다 훨씬 작아 쥐눈처럼 생겼다고 하여 쥐눈이콩, 서목태(鼠目太)라고도 한다.

**효능**  검정콩은 다른 콩과는 달리 혈액순환을 촉진하는 효능을 지니고 있어 약용으로 질병의 예방과 치료에 많이 사용되고 있다. 말기 암 환자들에게 영양의 공급 및 종양의 억제를 위해 다른 약물과 함께 배합하여 복용시키면 서목태의 활혈작용으로 항암 약물의 투과성을 높인다고 하며, 그 외에 암 예방과 재발 방지, 비만, 당뇨, 고지혈증, 어린이의 성장, 신장 질환, 산후풍 등에 많이 사용된다.

# 콩의 영양 성분

콩은 예로부터 오곡의 하나로 우리 민족의 주식 중 하나이다. 또한 식품 중에 가장 완벽한 식품이다.

콩 1알에는 단백질 40%, 탄수화물 35%, 지질 20%, 비타민 5%, 칼슘, 레시틴, 이소플라본 등이 들어있다.

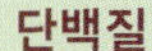

### 단백질

콩 단백질은 콜레스테롤 수치를 낮추어 주며 보통 때는 적혈구, 백혈구, 세포막 등을 형성하고 비축량은 별로 안된다(결정적 순간에만 사용됨).

### 탄수화물

콩에는 탄수화물이 35%가 들어있는데 그중 25%는 식이섬유, 10%는 올리고당이다.

### 불포화지방산

콩에는 불포화지방산(85%)이 많이 들어있어 혈액을 깨끗이 해주는 동시에 나쁜 콜레스테롤을 청소해 준다.

### 비타민

비타민 A, B₁, B₁₆, E 등을 함유하고 있다. 비타민 A가 많이 들어있어 위나 장 등 점막의 기능을 활성화시켜 준다.

### 칼 슘

콩을 오래 놔두면 딱딱해지는 것은 칼슘이 들어있기 때문이다.

### 레시틴

레시틴은 세포막을 구성하는 중요 성분으로, 특히 뇌신경, 간장, 혈액에 많다(인체 총 무게의 1%). 레시틴은 콜레스테롤 수치를 떨어뜨리고, 노인성 치매를 예방하는 중요 물질로(기억력 25% 이상 증가), 항암작용을 가지고 있으며, 단백질 가수분해 억제인자(정상세포가 가수분해를 거쳐 암세포로 변이하는데 이를 억제시킴)를 함유하고 있다.

### 이소플라본

이소플라본은 골다공증을 예방하고 항암 성분으로 작용한다. 콩을 많이 먹는 민족은 대장암, 위암, 자궁암, 유방암 등에 걸리는 빈도가 낮다. 우리나라에서 하와이로 이민 간 사람들(식생활 바뀜) 중에 유방암에 걸린 사람이 30%나 된다.

### 안토시아닌

검정콩 씨껍질에는 기능성 물질인 안토시아닌 색소가 지금까지 알려진 3개보다 훨씬 많은 9개의 색소 성분이 존재한다는 사실을 국내 연구진이 처음 밝혀냈다. 농림식품수산부에 따르면, 농촌진흥청 두류유지작물과 콩 연구팀은 최근 검정콩에서 이미 알려진 성분 외에 새로운 안토시아닌 색소를 분리하는 학술적 성과를 얻었다.

#  콩의 이런 점은 알아두세요!

**1. 검정 콩, 검정깨는 9번 찌고 말리는 과정을 거쳐야 약효가 나타난다.**

이와 같은 과정이 사실상 힘들기 때문에 볶아서 먹는 것이다. 또한 "콩의 이소플라본을 더 많이 섭취하려면 조리할 때 물에 오래 삶지 말아야 한다."며 "콩은 삶기보다 찌는 것이 좋고, 삶더라도 압력솥을 이용해 삶는 것이 좋다."

**2. 콩은 익혀서 먹는 게 좋다.**

콩속에는 트립신 인히비터(trypsin inhibitor)라는 단백질이 있다. 이 단백질은 체내 소화 효소인 트립신의 활성을 억제해 단백질 소화를 방해하므로 날콩을 먹으면 설사를 하게 된다. 트립신 인히비터는 50~60℃ 이상 가열하면 깨지므로 익혀서 먹는 게 좋다.

**3. 검정 콩은 초록 콩보다 단백질의 함량이 대략 2배 가량 높다.**

초록콩은 검은콩보다 단백질과 지질의 함량이 훨씬 적은 대신 탄수화물이 2배 이상 많이 들어있는데, 어차피 탄수화물은 쌀밥으로 충분히 섭취하기 때문에 별 장점이 없다.

검은콩을 꾸준히 먹으면 머리도 검어지고 머리털도 난다는 것은 머리카락을 자라게 하기 위해서는 단백질이 필요하므로 단백질을 꾸준히 섭취하라는 의미이다. 머리카락은 주로 단백질로 이루어져 있으며, 단백질은 아미노산으로 이루어진다.

**4. 검정 콩은 노화 방지, 항암 능력이 탁월하다.**

일반 콩에 비해 안토시아닌 색소는 0.12% 이상 많지만 이소플라본은 거의 비슷하게 함유되어 있다. 하지만 일반 콩에 함유된 이소플라본보다 검은콩의 이소플라본의 노화 억제와 항암 능력은 4배 이상 강하다. 즉 양은 적지만 인체에 흡수되면 일반 콩보다 검은콩의 이소플라본이 훨씬 탁월한 효과를 지닌다. 특히 검정콩 껍질에는 항산화작용 성분이 들어있지만 노란콩에는 이 성분이 없다. 따라서 약으로 먹으려면 역시 검정콩이 좋다.

콩에는 여러 가지 무기질과 비타민이 풍부하게 들어있어 영양상으로 균형 있는 식품이지만 같이 먹으면 안 좋은 재료가 있다. 콩에는 인이 다량 함유되어 있어 칼슘이 풍부한 치즈와 함께 먹으면 인과 칼슘이 되는데, 결합해 인산칼슘이 체내에 흡수되지 못하고 그대로 방출된다.



우리나라에서는 콩 소비량의 10%만을 자급하고 있고, 나머지는 모두 수입 콩에 의존하고 있다. 그중 검은콩은 중국산이 많고, 노란콩의 대부분은 미국산이다. 미국 콩은 우리 콩보다 상대적으로 기름이 많고 단백질 함량은 적다. 외관상으로 보아도 국산 콩은 굵지만, 미국 콩은 잘다. 또한 수입 콩에는 장기 운송을 위해 소독제 등이 뿌려지고 요즘은 유전자 변형 콩의 유해 논란까지 번져 우리 콩의 자급이 더 요구되고 있다.



콩에 함유된 사포닌은 항암 효과와 과산화 지질을 막아주는 좋은 성분이지만, 체내에 들어오면 요오드를 몸 밖으로 배출하므로 요오드의 균형을 맞추기 위해 다시마를 함께 먹으면 좋다.



콩은 다른 식품보다 인의 함량이 의외로 높다. 콩팥 질환자의 경우 과도한 인의 섭취가 콩팥에 무리를 줄 수 있고 칼슘 배설을 촉진해 오히려 칼슘 결핍을 유도할 수도 있다. 그러나 적당한 콩의 섭취는 이소플라본이 오히려 칼슘의 유실을 막아주는 것으로 알려져 있다. 성인이 하루에 섭취해야 하는 콩 제품의 양을 보면 두유 2~3컵, 두부 반 모, 콩가루 반 컵, 콩 반 컵 정도가 적당하다.



콩을 갈게 되면 공기에 노출되면서 지방을 산화시켜 비린내가 난다. 따라서 일단 콩을 갈았으면 실온에 방치하지 말고 빨리 먹도록 한다.

# Part 3

# 콩으로 만든 조림과 무침요리

# 콩불고기 어묵볶음

올리브오일은 베타카로틴 등 영양소가 풍부하고 나쁜 콜레
스테롤 LDL의 수치를 낮추며 성인병을 예방하므로 안심하
고 먹으면 된다.

건 콩고기 50g, 어묵 2장, 양파 100g, 당근 1/2개, 청고추
1개, 홍고추 1개, 조림 간장 4큰술, 올리브오일 1큰술, 올리
고당 1큰술

**조림 간장**
물 4~5컵, 무 50g, 다시마 10cm, 대파 1뿌리, 양파 1/2개,
간장 1컵, 설탕 1컵, 사과 1/2개, 미림 4큰술

## { 레시피

1 **조림 간장 만들기**  냄비에 찬물 4~5컵을 붓고 무, 대파, 양파, 다시마, 사과
를 넣어 끓이다가 간장, 설탕, 미림을 넣어 조려준다.

2 **콩고기 불리기**  건 콩고기는 따뜻한 물에 30분 정도 불려준다.

3 **콩고기 조리기**  *1*의 조림 간장에 불린 콩고기를 넣어 조려준다.

4 **어묵 썰기**  어묵은 한입 크기로 썰어 둔다.

5 **채소 썰기**  홍고추는 3cm 길이로 채 썰고, 청고추는 어슷썬다. 양파와 당근
은 어묵과 같은 크기로 썬다.

6 **콩고기 볶기**  프라이팬에 올리브오일을 두르고 콩고기와 어묵, 올리고당을
넣고 볶다가 채소를 넣어준다.

7 **마무리하기**  물기 없이 자박하게 볶아지면 청고추와 홍고추로 장식한다.

- 올리브오일은 산화되기 쉬우므로 빛과 열을 피해 서늘한 곳에 보관한다. 냉장고에
보관하면 굳거나 색이 탁해질 수 있으므로 실온에서 보관한다.
- 올리브오일에는 버진 올리브오일(영양이 풍부), 리파인드 올리브오일(튀김요리에 알맞
음), 퓨어 올리브오일(성인병 예방과 다이어트) 3가지가 있다. 용도에 맞게 사용하여
센스 있는 조리법으로 활용한다.

# 두부 브로콜리 무침

**재 료**

브로콜리 300g, 생식용 두부 1/2모, 소금 약간

**무침 양념**

볶은 콩가루 2큰술, 참기름 1큰술, 소금 · 다진 마늘 1작은술씩, 간장 약간

**레시피**

1 브로콜리는 깨끗이 씻어 송이를 나눈다.

2 끓는 물에 소금을 넣고 브로콜리를 데친 뒤 찬물에 헹군다.

3 두부는 곱게 으깬 뒤 면보에 싸서 물기를 없앤다.

4 분량의 양념 재료를 고루 섞어 무침 양념을 만든다.

5 브로콜리와 으깬 두부를 넣은 뒤 무침 양념을 넣어 버무린다.

tip 질감이 억센 채소나 나물을 무칠 때 두부를 으깨 넣으면 씹는 맛이 부드러워진다. 채소에 부족한 단백질과 지질을 함께 섭취할 수 있어 영양도 배가 된다.

# 콩가루 부추찜

**재 료**

부추 200g, 날콩가루 1/2컵, 밀가루 2큰술, 홍고추 1개

**양념 간장**

간장 · 매실청 2큰술씩, 참기름 1큰술, 다진 마늘 1작은술, 소금 · 통깨 약간씩

**레시피**

1 부추는 깨끗이 씻어 다듬어 물기를 제거한다.

2 콩가루와 밀가루를 섞은 뒤 부추에 고루 버무린다.

3 김이 오른 찜통에 2를 넣고 부추의 표면에 가루가 말갛게 될 때까지 찐다.

4 홍고추를 고명으로 올리고 양념 간장과 함께 곁들여 낸다.

tip 콩가루를 비닐봉지에 부추와 함께 넣어 섞어주면 골고루 잘 붙어서 요리하기 편하다.

# 모둠콩 오징어 조림

콩에는 콜레스테롤을 배출시키는 레시틴이 풍부해 오징어 등 콜레스
테롤 함량이 높은 식품과 먹으면 좋다. 오징어와 콩의 영양을 고스란
히 섭취할 수 있고, 씹는 재미가 있어 맛있게 먹을 수 있다.

모둠콩 1컵, 오징어 1마리, 물 3컵, 통깨 약간

**조림장**
콩 삶은 물 1과1/2컵, 간장 2큰술, 설탕 · 물엿 · 청주 1큰술
씩, 생강즙 약간

{레시피

1 **콩 삶기**  모둠콩은 씻은 뒤 찬물에 넣고 콩이 무르게 익을 때까지 20분 정도
  삶는다. 체에 밭쳐 콩을 건져낸 뒤 콩 삶은 물은 따로 둔다.

2 **오징어 손질하기**  오징어는 껍질과 내장을 제거한 뒤 잔칼집을 넣어 한입 크
  기로 자른다.

3 **콩 조리기**  분량의 조림장 재료와 모둠콩을 냄비에 넣고 조린다.

4 **오징어 조리기**  조림장이 반 정도로 졸아들면 오징어를 넣고 조린다.

5 **마무리하기**  콩과 오징어에 간이 배면 통깨를 뿌려 섞는다.

*tip*
- 오징어를 너무 일찍 넣으면 질겨지므로 콩이 어느 정도 조려진 뒤 넣어 재빨리 익힌다.
- 콩을 삶을 때나 콩을 조릴 때는 냄비 뚜껑을 덮지 않는다.
- 콩을 삶을 때는 처음부터 물을 알맞게 잡아야 한다. 물을 여유 있게 붓고 삶고 남은
  물을 따라 버리면 콩이 싱거워져 맛이 없게 된다.

# 검은콩 호두조림

검은콩은 비타민과 단백질이 풍부하고 이뇨 효과도 높다. 검은콩에 호두를 곁들이면 맛이 한층 고소해져 아이들 밑 반찬으로 훌륭하다.

검은콩 · 물 1컵씩, 호두 1/2컵, 조청 3큰술, 참기름 1큰술,
통깨 약간

**조림장**
물 3컵, 간장 4큰술, 설탕 · 청주 1큰술씩

{ 레시피

1 **검은콩 불리기**  검은콩은 깨끗이 씻어 반나절 정도 불린다.

2 **호두 데치기**  호두는 끓는 물에 살짝 데친 뒤 찬물에 헹궈 쓴맛을 없앤다.

3 **검은콩 조리기**  분량의 조림장 재료와 검은콩을 냄비에 넣고 끓인다.

4 **물 부어 주기**  3이 끓어오르면 물 1/2컵을 부은 뒤 다시 끓을 때 물 1/2컵을
마저 붓는다.

5 **약한 불에서 조리기**  4가 다시 끓어오르면 약한 불로 줄인 뒤 거품을 걷어내
며 충분히 조린다.

6 **호두 넣기**  조림장이 반 정도로 졸아들면 호두를 통째로 넣는다.

7 **조청 넣어 조리기**  조림장이 1/3 정도로 졸아들면 조청을 넣어 윤기나게 조
린다. 참기름과 통깨를 넣어 고루 섞는다.

- 조림장이 끓어올랐을 때 찬물을 부어 다시 끓여야 콩이 속까지 고루 익는다.
- 유방암의 발병이 사춘기에 섭취한 이소플라본의 양에 의하여 결정된다. 청소년기 여
  학생의 경우 콩을 충분히 섭취하도록 반찬으로 자주 활용하여 유방암 등의 질병을
  미리 예방하는 식습관으로 만들어 준다.

# 콩불고기

콩불고기에 이용되는 간장은 단백질의 공급원이며 조상의 지혜
가 담긴 과학적인 식품이다. 메주와 물, 소금이 주재료인 간장은
발효와 숙성 후 조미료로 사용하는 전통적인 콩 발효 식품으로
한국적인 맛을 대표하는 기본 소스이다.

건 콩고기 25g, 청 · 홍 · 황 파프리카 40g, 양파 50g, 백만송이 버섯 25g, 올리브오일 2큰술, 실파 약간

**양념장**
양파즙 4큰술, 진간장 3큰술, 설탕 1작은술, 참기름 1큰술, 다진 파 1큰술, 다진 마늘 1작은술, 깨소금 1/4작은술, 후추 약간

## 레시피

1 **채소 손질하기** 청 · 홍 · 황 파프리카는 씨를 뺀 다음 먹기 좋은 크기로 썬다. 양파도 먹기 좋은 크기로 썰고, 백만송이 버섯은 밑동을 잘라낸다.

2 **양념장 만들기** 분량의 재료를 잘 섞어서 양념장을 만든다.

3 **콩고기 불리기** 건 콩고기는 미지근한 물에 30분 정도 불려준 다음 물기를 꼭 짜준다.

4 **콩고기 무치기** 콩고기를 볼에 담고 *2*의 양념장 중 반을 넣어 조물조물 무친다.

5 **콩고기 볶기** 올리브오일을 두른 프라이팬에 *4*의 콩고기를 볶는다.

6 **채소 넣고 볶기** *5*에 나머지 채소를 모두 넣고 남은 양념장을 부어 센 불에서 살짝 볶는다.

7 **마무리하기** 다진 실파를 뿌려 완성한다.

**tip** 양념장에 콩고기를 재울 때 채소를 함께 넣으면 채소의 숨이 죽어 아삭함이 떨어지므로 채소는 따로 넣는다.

# 죽순 두부 무침

죽순은 피곤하고 지칠 때 원기 회복에 좋고 불면증, 위장 기능 개선에 도움을 준다. 두부와 함께 무친 담백한 샐러드는 다이어트 대용으로도 훌륭하다.

생식용 두부 1/2모, 죽순 300g, 마른 고추 3개, 미나리 5
줄기, 쌀뜨물 적당량

**무침 양념**
간장 2큰술, 소금 · 후추 · 참기름 약간씩

## 레시피

1 **죽순 준비하기**  죽순은 껍질을 벗기지 않은 채로 칼집을 넣어 마른 고추를
넣은 쌀뜨물에 삶아낸다.

2 **죽순 볶기**  1을 하루 정도 물에 푹 담가 떫은맛을 우려낸 후 결을 살려 납작
하게 썰고 참기름을 두른 프라이팬에 살짝 볶아 차게 식힌다.

3 **미나리 준비하기**  미나리는 줄기 부분만 다듬어 4cm 길이로 잘라 끓는 소금
물에 삶아 내어 찬물에 헹군 후 물기를 꼭 짜 놓는다.

4 **두부 으깨 넣기**  두부를 으깨 넣고 준비한 무침 양념 재료를 섞은 후 식힌 죽
순과 미나리를 넣고 버무려 담아낸다.

tip

• 죽순은 봄철에 생죽순을 손질하여 사용하는 것이 맛있다.
• 두부를 으깰 때 소창 주머니를 사용하면 편리하다.
• 대형 마트에 생식용 두부로 분류되어 판매하지만 표기가 되어 있지 않은 경우 끓는
물에 살짝 데쳐 사용하면 맛이 부드럽다.

**죽순 손질법**
• 빗살 무늬가 잘 보이도록 길이대로 자른다. 하얀색 이물질을 꼬지를 이용해서 발라내고 쌀뜨
물이나 뜨거운 물에 밀가루를 풀고 30분간 삶는다. 생죽순은 되도록 빨리 조리한다.
• 통조림 죽순일 경우는 찬물이나 쌀뜨물에 30분 가량 담가 아린 맛을 우려낸다. 물기를 빼고
지퍼백에 담으면 2~3일 냉장 보관이 가능하다.

# 두부 참나물 무침



**재 료**

참나물 300g, 두부 1/2모, 들기름 1큰술, 소금 약간

**무침 양념**

다진 콩가루 2큰술, 참기름 1큰술, 다진 마늘 1큰술, 간장 약간

**레시피**

1 끓는 물에 소금을 넣고 참나물을 데친 후 찬물에 헹구어 물기를 꼭 짠다.

2 두부는 곱게 으깬 뒤 면보에 싸서 물기를 없앤다.

3 냄비에 으깬 두부를 넣고 중불에 볶다가 수분이 줄어들면 약불에서 소금을
  약간 넣고 김이 나오지 않도록 볶아준다.

4 볼에 분량의 양념 재료를 넣고 고루 섞어 무침 양념을 만든다.

5 4의 양념에 두부와 참나물을 넣고 들기름을 두른 후 버무린다.

*tip* 단단하고 수분기가 적은 부침용 두부를 사용하는 것이 좋다.

# 된장 소스 얹은 호박잎쌈

### 재 료

호박잎 10장, 밥 2공기, 참기름 2큰술, 통깨 1큰술, 소금 약간

### 된장 소스

된장 3큰술, 식초 3큰술, 참기름 1작은술, 맛술 1/2큰술, 물 1큰술, 올리고당 2큰술

### 레시피

1 호박잎은 찜통에 2분 정도 쪄준다.

2 분량의 된장 소스 재료를 넣고 냄비에 볶아준다.

3 볼에 밥, 소금, 참기름, 통깨를 넣고 고루 섞어준다.

4 1의 호박잎에 3의 밥을 넣어 돌돌 말아준 다음 된장 소스를 올린다.

# 쇠고기 두부 소박이

육식을 좋아하고 콩이나 채소를 먹지 않는 사람들은 채소 밥상에 실망한다. 그런 분들을 위해서 고기는 줄이고 두부와 채소를 곁들인 음식으로 서서히 두부를 좋아하게 만드는 음식이다.

## { 재 료

두부 1모, 소금 · 후추 · 포도씨유 약간씩, 다진 쇠고기 100g,
다진 마늘 1/2작은술, 밀가루 2큰술, 실파 2대

**양념 간장**
간장 1/4컵, 물 5큰술, 조청 · 미림 · 청주 3큰술씩, 다진 마늘 ·
참기름 1작은술씩

## { 레시피

1 **두부 칼집 넣기**  두부는 5cm 크기로 썰어 가운데 칼집을 넣고 소금을 뿌린다.

2 **쇠고기 무치기**  다진 쇠고기에 소금, 후추, 다진 마늘을 넣어 조물조물 무친
  다. 두부의 칼집 넣은 곳에 밀가루를 뿌리고 고기를 끼워 넣는다.

3 **두부 조리기**  프라이팬에 포도씨유를 두르고 2의 두부를 올려 아랫면을 노릇
  하게 구운 뒤 분량의 재료를 섞어 만든 양념 간장을 끼얹어 조린다. 약한 불
  에서 뚜껑을 덮어 은근하게 조리면 두부에 간이 잘 밴다.

4 **실파 채썰기**  실파는 송송 썰어 준비한다.

5 **마무리하기**  3을 접시에 담고 실파를 소복하게 올린 뒤 남은 양념 간장을 끼
  얹는다.

**tip**
- 두부를 조릴 때 약한 불에서 뚜껑을 덮어 은근하게 조리면 두부에 간이 잘 밴다.
- 쇠고기 부위는 우둔살이나 홍두깨살로 준비한다. 근육막이 적어 연하고 부드럽다.

# 고구마 팥 조림

팥과 고구마는 장내 유해 물질을 흡착해 장을 자극하므로
변비에 좋은 음식이다. 또한 고구마의 비타민 A는 세포가
노화되는 것을 막아주므로 노화 방시에 도움이 된다.

큰 고구마 1개, 팥 40g, 다시마 가다랑어 국물 1/2컵

**다시마 가다랑어 국물**

다시마 2장, 물 4컵, 가다랑어 포 20g

**조림장**

간장 1큰술, 맛술 1큰술, 설탕 1/2큰술, 소금 약간

## 레시피

1 **팥 삶기**  팥은 씻어서 물을 붓고 한번 끓어오르면 그 물을 따라 버리고 넉넉하게 물을 붓고 삶는다.

2 **고구마 썰기**  고구마는 깨끗이 씻어 껍질째 1.5cm 두께로 동그랗게 썬다.

3 **고구마 조리기**  냄비에 다시마 가다랑어 국물을 붓고 고구마를 넣어 부드러워질 때까지 조린다.

4 **팥 조리기**  *3*에 *1*의 삶은 팥을 넣고 조림장을 넣어 물기가 거의 없어질 때까지 조린다.

*tip*
- **다시마 가다랑어 국물 만들기 :** 다시마와 물을 넣어 중간불에서 끓인 후 불을 끄고 다시마를 건져낸 다음 가다랑어 포를 넣어 체에 거른다.
- 고구마 껍질에는 비타민 A가 풍부하므로 되도록 껍질을 벗기지 않고 요리한다.

# 견과류 두부 쌈장

**재 료**

두부 1/2모, 된장 4큰술, 양파 1/4개, 생땅콩 50g, 잣 1큰술, 호두 20g, 물 1/2컵,
매실청 2큰술, 들기름 1큰술

**레시피**

1 두부는 으깨고, 양파는 잘게 다진다.

2 생땅콩, 잣, 호두는 굵게 다진다.

3 냄비에 들기름을 두르고 된장과 양파를 볶다가 계량한 물 1/2컵을 붓고 끓인다.

4 3에 두부와 2의 견과류를 넣은 후 나머지 물을 넣고 자박하게 볶아준다.

5 4에 매실청을 섞어 마무리한다.

# 두부 채소볶음

## 재 료

두부 1모, 고구마 50g, 완두 20g, 당근 50g

### 볶음 양념

설탕 2큰술, 간장 3큰술, 참기름 1큰술, 소금 약간, 조미술 1큰술, 청주 1큰술, 우스터 소스 1큰술

## 레시피

1 두부는 으깨어 물기를 꼭 짜준다.

2 고구마, 당근은 깨끗이 씻어 껍질을 벗긴 후 완두콩 크기로 잘게 썬다.

3 달군 프라이팬에 참기름을 두르고 고구마, 당근, 완두를 넣어 볶다가 으깬 두부를 넣는다.

4 볶음 양념을 넣어 맛을 내고 소금으로 간을 한 뒤 중불에서 15분 정도 더 볶는다.

*tip* 두부 채소볶음은 단백질과 식물성 에스트로겐, 비타민 함량이 높아 꾸준히 먹으면 면역력을 높이고 저항력을 키워 성인병을 예방한다.

# 두부찜

두부는 우리 밥상에 없어서는 안되는 메뉴로, 꾸준히 먹으면
암을 예방할 수 있다. 재료비도 적게 들면서 밥과 잘 어울리
는 짭짤한 두부로 저녁상을 푸짐하게 차려 보자.

두부 1모, 고운 소금 약간, 흰 후추 약간, 들기름 1작은술, 달걀 1개, 녹말 1큰술, 양파 1개, 대파 1/4개, 통깨 1작은술, 포도씨유 적당량

**양념장**
진간장 1작은술, 굵은 고춧가루 1/2작은술, 다진 마늘 1작은술, 후추 약간

## 레시피

1 **두부 소금에 재놓기**  두부는 1cm 두께로 썰어 고운 소금과 흰 후추, 들기름 섞은 것을 뿌려 재놓는다.

2 **두부 지지기**  두부의 물기를 제거한 후 프라이팬에 포도씨유를 두르고 노릇노릇하게 지진다.

3 **팽이버섯 손질하기**  팽이버섯은 밑동을 잘라내고 씻어서 물기를 빼준다.

4 **채소 썰기**  양파와 피망은 채 썰고, 대파는 어슷하게 썬다.

5 **채소 볶기**  프라이팬에 포도씨유를 두르고 3, 4의 재료를 볶아준 후 소금으로 간을 한다.

6 **양념장 만들기**  분량의 재료를 섞어 양념장을 만든다.

7 **조리기**  냄비에 두부를 올리고 양념장을 얹은 다음 볶은 채소를 올려 김이 오르도록 살짝 조려준다.  밑에 가라앉은 양념은 2~3회 위로 퍼 올려주어 간이 고르게 배도록 한다.

*tip*  두부를 조릴 때는 올리브오일보다는 들기름을 둘러야 두부가 고소하다.

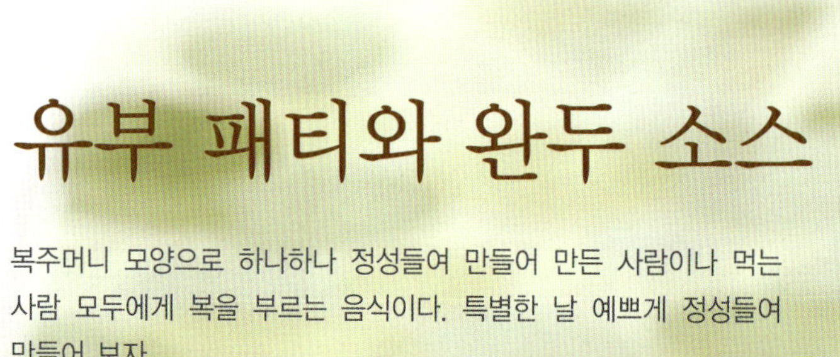

# 유부 패티와 완두 소스

복주머니 모양으로 하나하나 정성들여 만들어 만든 사람이나 먹는
사람 모두에게 복을 부르는 음식이다. 특별한 날 예쁘게 정성들여
만들어 보자.

**유부 패티**

두부 1/2모, 유부 10개, 미나리 10줄, 그린 채소 50g, 양파 1/2개, 당근 1/4개, 달걀 1개, 소금 · 후추 약간씩

**완두 소스**

완두 1컵, 치킨 스톡 3컵, 양파 1/2개, 셀러리 30g, 생크림 4 큰술, 월계수잎 1잎, 소금 · 후추 약간씩

{레시피

● 유부 패티

1 **두부 으깨기**  두부는 칼로 으깨고 소창에 싸서 수분을 제거한다.

2 **양파, 당근 다지기**  양파, 당근은 잘게 다져서 준비한다.

3 **재료 섞기**  으깬 두부, 당근, 양파, 소금, 후추, 달걀을 넣어서 골고루 섞어 준다.

4 **반죽 모양내기**  3의 반죽을 한 주먹씩 떼어 둥글게 만들어 준다.

5 **유부 속에 소 채우기**  유부 속에 4를 넣고 소를 채운 다음 미나리 데친 것으로 묶어준다.

● 완두 소스

1 **재료 볶기**  양파는 채 썰어 셀러리와 함께 버터에 볶은 후 완두를 넣어 다시 볶는다.

2 **완두 끓이기**  1에 육수(치킨 스톡)를 붓고 월계수잎을 넣은 후 완두가 부드럽게 익을 때까지 푹 끓인다.

3 **소스 만들기**  2를 믹서에 곱게 갈아 고운 체에 걸러준다. 생크림을 넣고 잠깐 끓이면서 소금, 후추로 간한다.

# 깻잎 두부 채소말이

**재 료**

두부 70g, 깻잎 6장, 청양고추 1개, 파프리카 20g, 달걀 흰자 1개, 밀가루 1/4컵, 소금 약간

**양 념**

다진 마늘 1/2큰술, 다진 파 1큰술, 깨 1/2큰술, 소금 약간

**레시피**

1  청양고추, 파프리카를 작은 정사각형으로 썬다.

2  두부는 끓는 물에 살짝 데쳐 물기를 뺀 후 으깨 놓는다.

3  2의 재료에 청양고추, 파프리카, 달걀 흰자와 분량의 양념 재료를 넣고
   고루 버무려 치대어 준다.

4  깻잎에 밀가루를 뿌려준 후 3의 소를 넣어 말아준다.

5  김이 오른 찜통에 15분간 쪄서 식으면 썰어낸다.

# 모둠콩 주먹밥

### 재 료

옥수수 20g, 완두콩 10g, 검정콩 10g, 밥 40g, 포도씨유 적당량

### 레시피

1 냄비에 불린 완두콩, 검정콩을 넣고 삶은 다음 체에 건져 물기를 빼둔다.

2 옥수수는 물에 살짝 데쳐 물기를 빼둔다.

3 포도씨유를 두른 프라이팬에 콩과 옥수수 알을 볶는다.

4 3에 밥을 넣고 소금, 참기름으로 버무린다.

5 밥이 뜨거울 때 손으로 모양을 잡아 주먹밥을 만든다.

tip • 초밥이나 김밥, 주먹밥은 밥알이 굳지 않는 10℃의 온도에 보관하는 것이 좋다.

• 쌀밥 대신 현미밥과 콩을 함께 섭취하면 소화작용을 활성화시키고 위를 튼튼히 해준다.

# 콩비지 채소 동그랑땡

콩에는 식물성 여성 호르몬인 이소플라본이 들어있어 여성들의 피
부 미용과 건강에 좋다. 콩과 마른 표고버섯을 함께 먹으면 버섯의
비타민 D 성분이 더해져 골다공증, 기미, 주근깨가 예방된다.

노란콩 1/2컵, 물 · 포도씨유 적당량씩, 불린 표고버섯 3개,
소금 1작은술, 당근 · 양파 1/4개씩, 풋고추 · 홍고추 1개씩,
밀가루 6큰술, 덧밀가루 약간

**표고버섯 양념**
간장 · 다진 마늘 1/2작은술씩, 참기름 1작은술, 설탕 약간

**달걀 푼 물**
달걀 2개, 소금 · 후추 약간씩

**초간장**
간장 · 물 · 식초 1큰술씩, 설탕 1작은술

{레시피

1 **노란콩 믹서에 갈기**  노란콩은 깨끗이 씻어 하룻밤 불린 뒤 물과 함께 믹서
 에 넣어 곱게 간다.

2 **표고버섯 양념에 버무리기**  표고버섯은 물기를 짜서 굵게 다진 뒤 분량의 양
 념에 고루 버무린다.

3 **채소 다지기**  당근, 양파, 풋고추, 홍고추는 표고버섯 크기로 다진다.

4 **반죽하여 모양내기**  1과 준비한 버섯, 채소를 잘 섞고 밀가루를 넣어 반죽한
 뒤 동글납작하게 빚는다.

5 **달걀물 입히기**  4에 밀가루를 살짝 묻힌 뒤 달걀 푼 물을 입힌다.

6 **동그랑땡 만들기**  포도씨유를 두른 프라이팬에 5를 노릇하게 지진 뒤 분량
 의 재료를 섞어 만든 초간장을 곁들인다.

*tip*  콩은 물과 1:1의 비율로 갈아야 반죽 빚기가 쉽다. 믹서에 콩을 넣고 콩 높이만큼 물을
붓는다.

# 두부 커틀릿

질 좋은 단백질 공급원인 두부와 치즈로 만들어 아이들 간식
으로 좋다. 단, 위가 좋지 않고 소화력이 약하다면 치즈 대신
채소를 넣어 만들어 먹는다.

두부 1모, 양파 1/2개, 불린 콩 1/2컵, 녹말가루 2큰술, 올리
브오일 적당량, 돈가스 소스 1/2컵

**튀김옷**
밀가루 3큰술, 달걀 1개, 빵가루 1컵, 파마산 치즈 2큰술

## {레시피

1 **두부 으깨기** 두부는 으깨어 꼭 짜서 물기를 제거한다.

2 **재료 손질하기** 양파는 잘게 다지고, 불린 콩은 소금을 넣고 삶아 물기를 뺀다.

3 **재료 섞기** 1의 두부에 2의 재료와 녹말가루를 넣어 섞어준다.

4 **튀김옷 입히기** 3을 손으로 동글납작하게 모양을 만들어 밀가루 → 달걀 →
파마산 치즈 가루 넣은 빵가루 순으로 튀김옷을 입혀서 튀겨낸다.

5 **커틀릿 튀기기** 튀김은 180℃ 정도의 온도에서 튀겨낸다.

6 **소스 뿌리기** 커틀릿 위에 돈가스 소스를 얹어낸다.

**tip** 빵가루에 파마산 치즈 가루를 섞어주면 고소하고 짭짤한 맛이 커틀릿에 깊은 맛을 더
해준다.

### 돈가스 소스 만들기
**재 료** : 진간장 1/2컵, 우스터 소스 1컵, 청주 1/2컵, 토마토케첩 5큰술, 양파 200g, 사과
200g, 설탕 100g, 다진 마늘 1큰술, 버터 1큰술, 흰 후추 약간

**만들기** : 1. 팬에 버터를 두르고 채 썬 양파, 사과, 다진 마늘을 갈색이 되도록 볶는다.
2. 냄비에 우스터 소스, 진간장, 청주, 설탕을 넣고 농도를 조절한다.

# 새우 녹두전

녹두의 타우린 성분이 지방의 흡수를 도와주고 콜레스테롤 수치와 중성 지방의 농도를 떨어뜨려 비만 예방에 좋다. 녹두전으로 포만감도 주고 몸매 관리도 하자.

**{ 재 료**

새우 200g, 김치 1/4포기, 차돌박이 70g, 새송이버섯 2개, 오이 1/2개, 꽃소금 · 고운 소금 · 후추 약간씩, 풋고추 1개, 포도씨유 적당량

**반죽 재료**
녹두 불린 것 1과1/2컵, 잣 1큰술, 찹쌀가루 2~3큰술, 꽃소금 약간, 물 적당량

**{ 레시피**

1 **김치 채 썰기**  김치는 씻어서 잎은 잘라내고 줄기만 섬유 반대 방향으로 곱게 채 썬다.

2 **차돌박이 채 썰기**  차돌박이는 결대로 채 썰고, 소금 · 후추로 밑간을 한다.

3 **오이 절이기**  오이는 2cm 길이로 토막 내서 돌려깎은 다음 꽃소금에 살짝 절여서 물기를 꼭 짠다.

4 **새송이버섯 채 썰기**  새송이버섯은 채 썰어 꽃소금에 살짝 절인다.

5 **풋고추 다지기**  풋고추는 반 갈라 씨를 빼낸 후 다진다.

6 **생새우 간하기**  생새우는 엷은 소금물에 씻어서 다져 고운 소금과 후추로 밑간을 한다.

7 **재료 볶기**  프라이팬에 차돌박이를 볶다가 김치와 새송이버섯을 넣고 볶는다.

8 **재료 섞기**  7에 오이 절인 것을 섞는다.

9 **녹두 손질하기**  녹두는 8시간 정도 물에 담가 불려서 물을 따라 내고 바락바락 주물러 껍질을 걸러낸다.

10 **녹두 반죽하기**  믹서에 녹두 불린 것과 잣을 담고 물을 자작하게 부어서 갈아 그릇에 쏟은 후 찹쌀가루와 꽃소금을 넣고 반죽한다.

11 **녹두전 만들기**  프라이팬에 포도씨유를 두른 다음 반죽을 한 숟가락 깔고 볶은 속 재료를 얹은 후 새우 다진 것과 풋고추 다진 것을 얹는다. 다시 반죽을 약간 얹어서 노릇노릇하게 지져낸다.

# 두부 & 콩나물 스프링롤

콩나물은 면역력을 높여 감기를 예방하고 일반 채소보다 비타민, 무기질을 많이 함유하고 있다. 콩나물을 색다른 방법으로 먹을 수 있는 요리법에 도전하고 맛도 챙기자.

두부 220g, 콩나물 90g, 춘권피 6장, 달걀 노른자 1개, 콩기름 적당량, 칠리 소스(시판용)

**무침 양념**
꽃소금 1/4작은술, 참기름 1작은술, 후추 약간

{레시피

1 **두부 물기 빼기**  두부는 칼등으로 으깬 후 배보자기에 담아 물기를 꼭 짠다.

2 **콩나물 송송 썰기**  콩나물은 데친 후 찬물에 헹궈 물기를 꼭 짠 다음 송송 썰어놓는다.

3 **콩나물 무치기**  으깬 두부에 콩나물과 무침 양념을 넣고 간이 배도록 조물조물 무친다.

4 **춘권피 말기**  춘권피 위에 *3*을 적당량 올리고 춘권피를 잘 말아 감싸준 후 끝부분에 달걀물을 발라 붙여준다.

5 **스프링롤 튀기기**  180℃의 예열된 콩기름에 바싹하게 튀겨낸 후 칠리 소스와 함께 낸다.

*tip*  칠리 소스는 토마토케첩에 다양한 향신료를 넣어 만든 것으로, 달콤한 맛을 내며 튀김류와 잘 어울리는 소스이다. 시판용 칠리 소스에 청양고추와 겨자를 조금 넣어 칼칼하면서 매콤한 소스로 응용할 수도 있다.

두부는 대두로 만드는 식품으로, 단백질의 함유량은 35%로 다른 콩류나 곡물보다 훨씬 많이 함유되어 있으며, 우리 몸에 꼭 필요한 필수 아미노산이 균형 있게 들어있는 건강 식품이다.

## 두부의 효능

### 1 다이어트

두부는 흔히 살이 찌지 않는 치즈라고 불릴 정도로 다이어트에 좋은 단백질 성분이 다량 함유된 식품이다. 특히 두부에 함유된 사포닌 성분은 지방의 합성과 흡수를 막아주는 역할을 하며, 지방의 분해를 촉진시켜 준다. 또한 필수 아미노산은 근육량을 유지시켜 주어 요요현상을 방지하는 데 도움을 준다.

### 2 고지혈증 예방

콜레스테롤의 수치를 낮추어 주는 리놀산 및 올레산 등이 함유되어 있어 고지혈증을 예방하는 데 효과가 있다.

## 3 변비 개선

변비에 가장 좋은 영양 성분은 '식이섬유' 이다. 식이섬유는 대두(두부를 만드는 콩)에 많은 양이 함유되어 있어 변비 개선에 효능이 있다.

## 4 동맥경화 예방

두부에 함유된 레시틴이라는 성분은 동맥경화를 방지하는 역할과 기억력 및 집중력을 높여주는 역할을 한다. 따라서 수험생 및 공부를 하는 사람들에게는 더없이 좋은 식품이라 할 수 있다.

그 외에도 골다공증 예방, 치매 예방, 당뇨병 예방, 뼈와 치아의 강화, 갱년기 장애 완화, 각종 성인병 예방, 콜레스테롤 수치 저하 등 다양한 효능이 있다.

## 두부의 약리효과

두부는 고려시대 이래 주로 해독제 역할을 해왔다. 갑자기 목구멍에 마비가 와 말이 나오지 않을 경우를 비롯하여 계독, 어독, 육독 등에 걸쳐 중독 증상을 풀어 주는 데 이용되었다. 본초학의 이용 사례에서는 대두류 중에서도 흑두(黑豆)가 주로 이용되고 있었던 사례에 주목할 필요가 있다.

전통적으로 흑(黑) 및 백(白)의 대두류 중에서 흑인두는 약용으로 쓰고, 백색두는 식용으로 사용된다는 본초학적 개념이 정착되었음을 알 수 있다.

# 두부 만들기

1. 국산 콩을 선별하여 7~8시간 정도 물에 충분히 불려서 건져놓는다.
2. 불린 콩을 맷돌이나 믹서에 곱게 간다.
3. 갈은 콩은 무명천에 꼭 짠 후 두유만 모아 간수를 넣어 서서히 저으면서 엉기도록
   몽글몽글 모양이 될 때까지 끓여 준다.
4. 두부 틀에 면보를 깔고 간수 넣은 두부를 굳혀 준다.
5. 두유를 짤 때 남은 건더기를 비지라 하고 굳기 전의 두부를 순두부라 한다.

# 두부의 종류

| | | |
|---|---|---|
| 일반두부 | 경두부 | 연두부 |
| 군두부 | 유 부 | 압착 연두부 |

| 분  류 | 종  류 | 특  성 |
|---|---|---|
| 두부류 | 일반두부 | 고형분이 6~8%인 두유를 응고시켜 수분이 85% 내외인 것 |
| | 연두부 | 고형분이 11% 내외인 두유를 가열 냉각 후 가열 응고시킨 것 |
| | 순두부 | 고형분이 7% 내외인 두유를 가열 냉각 후 가열 응고시킨 것 |
| | 경두부 | 일반두부 압착 시에 수분이 78% 이하로 압착된 것 |
| | 압착연두부 | 연두부 조직과 같이 한 압착 두부 |
| 가공두부류 | 유 부 | 3~5%의 두유를 단시간 가열하여 응고시킨 후 2단계에 걸쳐 튀긴 것 |
| | 생 양 | 두부의 표피만 튀긴 것 |
| | 군두부 | 프라이팬에 표피를 튀긴 것 |
| | 냉동건조두부 | 두부를 급속 동결하여 건조시킨 것 |
| | 달걀연두부 | 달걀을 생란으로 10% 이상 첨가하여 응고시킨 것 |
| | 분말두부 | 두유를 분무 건조 후 응고제를 첨가한 것으로 물을 붓고 가열한 것 |
| | 두부국수 | 두유에 겔화 물질을 첨가하여 가열 시 응고시킨 것 |
| | 강화두부 | 비타민, 미네랄, DHA 등을 두유에 첨가한 것 |
| | 어육두부 | 어육의 열응고성을 이용하여 두부와 혼합 응고시킨 것 |
| | 발효두부 | 두유를 발효시켜 응고함으로써 얻은 것 |
| | 수 프 | 두유를 발효시켜 보존성을 늘린 것 |
| | 간 모 | 두부를 으깨어 다른 첨가물을 넣고 유탕 처리한 것 |
| | 우유두부 | 우유를 산처리 혹은 응고제로 응고시켜 압착한 것 |
| | 혼합두부 | 두유에 채소, 해조류 등을 넣어 가열 응고시킨 것 |
| | 분리대두단백두부 | 분리대두단백을 이용하여 단백질 함량을 조정한 두부 |
| | 조미두부 | 두부를 조미하여 인스턴트화한 것 |

# Part 4

# 콩으로 만든 디저트

# 모둠콩 찜케이크

아이들이 좋아하는 인스턴트 식품에는 몸에 해로운 첨가물이
들어 있어 몸속의 칼슘과 무기질을 녹이고 뼈와 치아를 부식시
킨다. 콩을 넣어 만든 간식은 칼슘과 단백질이 풍부해 아이들의
뼈를 튼튼하게 해준다.

## { 재 료

모둠콩 · 올리브유 1/3컵씩, 밀가루 200g, 베이킹파우더 1
큰술, 달걀 3개, 황설탕 80g, 우유 1컵, 포도씨유 약간

**콩 조림물**
물 1컵, 황설탕 1큰술, 소금 약간

## { 레시피

1 **모둠콩 조리기**  모둠콩은 씻어 물기를 뺀 뒤 냄비에 담아 조림물 재료를 넣
고 부드럽게 조린다.

2 **밀가루 체에 쳐서 고운 가루 내기**  밀가루와 베이킹파우더는 섞은 뒤 체에 두
세 번 내려 고운 가루로 준비한다.

3 **달걀 거품 내기**  볼에 달걀을 넣고 멍울을 풀어준 뒤 황설탕을 넣고 거품기
로 저어준다.

4 **우유와 올리브유 섞기**  3이 부드러운 거품이 되어 연한 노란색으로 되고 두
세 배로 양이 늘면 우유와 올리브유을 넣고 가볍게 섞는다.

5 **밀가루 넣기**  4에 체 쳐둔 밀가루를 넣고 주걱으로 자르듯이 가볍게 섞은 뒤
1의 조린 콩을 넣고 살짝 버무린다.

6 **찜통에 찌기**  포도씨유를 바른 틀에 5를 담은 뒤 김이 오른 찜통에 15분 정
도 쪄준다.

*tip*  콩을 미리 조려 반죽에 넣어야 맛이 싱거워지지 않는다.

# 두향차

두향차는 대두를 주재료로 만든 차로 여름철 피로 회복에
좋고, 더위를 많이 타는 사람에게 적합한 약차이다.

볶은 콩가루 2큰술, 꿀 적당량, 대추 2개

**콩가루**

대두 500g

{레시피

1 **대추채 썰기**  대추는 잘 씻어 물기를 뺀 후 채 썰어 보관한다.

2 **콩가루에 끓는 물 붓기**  찻잔에 콩가루 2큰술 넣고 끓는 물을 붓는다.

3 **두향차에 꿀 넣기**  꿀을 넣어 잘 섞어주고 대추채를 띄워 낸다.

● **콩가루 만드는 법**

1 대두는 하룻밤 물에 불려 껍질을 벗긴다.

2 물기를 빼고 푹 찐다.

3 찐 콩을 바싹 말려 약한 불에 볶아 가루를 만든다.

**tip  또다른 두향차 맛있게 먹는 법**

**재료 : 우유 1컵, 콩가루 3큰술**
콩가루를 물 대신 우유에 섞어 마시면 소화가 잘 된다.

- 콩가루는 마트에 가면 간편하게 살 수 있지만 원산지 표시를 확인하고 구입한다.
- 콩을 제분소에 가서 직접 갈아 먹으면 번거롭지만 안심할 수 있다.
- 콩을 직접 구입할 때는 껍질이 얇고 윤기가 돌며 통통한 것을 고른다. 크기가 고르고 단단한 것이 좋다.
- 말린 콩은 먼지를 털어내고 비닐봉지에 담아 습기가 없는 곳에 보관한다.

# 미숫가루



**재 료**

미숫가루 4큰술, 두유 2컵, 꿀 적당량, 타피오카 펄 40g

**레시피**

*1* 미숫가루는 물에 잘 푼어준다.

*2* 타피오카는 끓는 물에 투명해질 때까지 삶은 후 찬물에 헹군다.

*3* *1*에 기호에 맞게 꿀을 넣어 준 뒤 타피오카를 함께 컵에 담아낸다.

*tip* • 기호에 따라 농도를 조절할 수 있다.

• 타피오카는 카사바 뿌리로 만든 녹말의 한 종류로 소화가 잘 되고 포만감을 주어 다이어트
식으로 좋다. 타피오카 펄 구입은 제과제빵 재료상에서 구입할 수 있다.

# 팥양갱

**재 료**

한천 10g, 물 2컵, 설탕 1/2컵, 흰 팥앙금 200g, 삶은 팥 100g

**레시피**

1 한천을 찬물에 불려 냄비에 물을 붓고 끓여 녹인다. 한천에 설탕을 넣어 녹인
후 흰 팥앙금을 넣어 바닥에 눌어붙지 않도록 저어가며 끓이다가 삶은 팥을
넣어 잘 섞는다.

2 1을 모양 틀에 부어 단단하게 굳힌다.

*tip* 끓인 앙금은 한 김 식힌 후 냉장고에서 굳힌다.

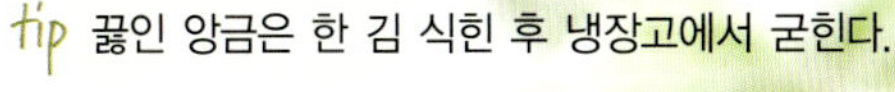

# 청국장 쿠키

콩은 그대로 먹는 것보다 발효해서 먹는 것이 좋다. 청국장은
섬유질이 풍부하여 변비, 다이어트, 당뇨병과 고혈압에 좋은
우리나라 전통 음식이다. 청국장을 끓여 먹기 힘들면 가공된
가루로 쿠키를 만들어 응용해 보자.

청국장가루 100g, 밀가루(박력분) 40g, 아몬드 20g, 설탕 30g, 포도씨유 6큰술, 꽃소금 1/8작은술, 두유 7큰술, 바닐라오일 1~2방울

{ 레시피

1 **밀가루 체에 쳐주기**  밀가루와 청국장가루는 볼에 담아 적당히 섞은 다음 고운 체에 한 번 내려 볼에 담는다.

2 **포도씨유 젓기**  다른 볼에 포도씨유를 넣고 설탕과 소금을 넣어 골고루 젓는다.

3 **재료 넣고 반죽하기**  밀가루와 청국장가루가 담긴 볼에 *2*를 넣고 다진 아몬드, 두유, 바닐라오일을 넣어 반죽한다.

4 **반죽 숙성시키기**  반죽을 한 덩어리로 뭉친 다음 랩으로 감싸 냉장고에서 30분 동안 숙성시킨다.

5 **오븐에서 굽기**  반죽을 꺼내 밀대로 밀고 모양 틀로 찍어낸 후 160℃ 오븐에서 20분 동안 굽는다.

tip

• 청국장가루 향이 쿠키에서 많이 날 경우 초콜릿을 함께 섞어 구워 주면 향을 줄일 수 있다.

• 반죽을 오래 치대면 쿠키가 딱딱해지므로 반죽이 섞이도록 주걱을 이용하여 한 덩어리로 만들어 준다.

# 검은콩 젤리



**재 료**

불린 검은콩 100g, 두유 1컵, 물 1/2컵, 젤라틴가루 1작은술, 꿀 3큰술, 녹말가루 1큰술, 올리고당 4큰술,
소금 약간, 휘핑크림 4큰술, 라즈베리 약간

1 젤라틴가루를 물에 넣어 불린다.

2 믹서에 검은콩과 두유를 넣고 곱게 간다 .

3 냄비에 2를 넣고 중약불로 은근히 끓이다가 1을 넣은 후 소금과 녹말가루를 넣고 젓는다.

4 3에 꿀, 올리고당을 넣어 윤기를 내고 틀에 넣어 굳힌다.

5 굳힌 젤리를 컵에 담고 휘핑크림과 라즈베리로 장식한다.

# 검은콩 주스

### 재 료
불린 검은콩 1컵, 땅콩 1/4컵, 물 3컵, 소금 1작은술

### 레시피

1 불린 검은콩을 믹서에 넣어 곱게 갈아 체에 밭쳐 놓는다.

2 땅콩과 물을 믹서에 넣어 곱게 갈아 체에 밭쳐 놓는다.

3 2와 3을 섞은 후 마지막에 소금을 약간 넣어 간을 해준다.

4 완성된 검은콩 주스를 컵에 담아낸다.

*tip* **피로 회복에 좋은 검은콩물**
검은콩을 물에 불려 껍질을 벗긴 뒤 푹 삶아 믹서에 간 다음 체에 걸러 콩물을 받는다.
콩물을 유리병에 담고 아침에 일어나서 1번, 저녁에 잠들기 전에 1번, 하루에 총 2잔씩
마신다. 혈액순환이 원활해지고 체내 독소가 배출되며 신경 안정에 효과가 있다.

# 연두부 치즈 케이크

연두부 치즈 케이크는 고소하고 부드러운 맛이 일품이다. 크림치즈
는 크림을 첨가한 우유로 만드는 숙성되지 않은 치즈로 버터처럼
진한 맛이 나고, 성장 발달, 골다공증 예방에 효과가 있다.

## {재 료

박력분 70g, 연두부 300g, 크림치즈 160g, 전분 10g, 설탕 175g, 달걀 2개, 레몬즙 1큰술, 초코스펀지 케이크 시트 1장

## {레시피

1 **연두부 믹서에 갈기** 연두부는 체에 밭쳐 물기를 충분히 빼준 뒤 믹서에 갈아 부드럽게 준비해 둔다.

2 **반죽하기** 그릇에 박력분, 전분, 연두부를 넣고 뭉치지 않도록 잘 섞어준다.

3 **크림치즈 중탕하기** 다른 그릇에 생크림을 끓이면서 크림치즈를 잘게 썰어 넣고 중탕한 후 *2*에 섞는다.

4 **레몬즙 넣기** *3*에 노른자를 넣으면서 부드러운 크림 상태로 만든 후 레몬즙을 넣고 섞은 다음 냉장시킨다.

5 **머랭 만들기** 흰자를 60% 믹싱한 후 설탕을 조금씩 넣으면서 90% 머랭을 만든다.

6 **반죽 완료하기** 머랭을 2~3회 나누어 *4*에 혼합해 반죽을 완료한다.

7 **유산지 깔기** 원형 팬의 옆면, 아랫면에 종이를 깐다.

8 **초코스펀지 깔기** 원형 팬 바닥에 높이 1.0~1.5cm 정도의 원형 초코스펀지를 깔아둔다.

9 **틀 바닥에 쳐주기** 반죽을 75% 정도 넣으며 틀을 바닥에 두 번 정도 쳐준다.

10 **케이크 굽기** 윗불 150℃, 밑불 160℃에서 중탕으로 60~100분간 굽기를 한다. (손으로 가운데를 눌러서 구워진 상태를 확인한다.)

11 **케이크 담기** 케이크를 차게 보관한 후 먹는다.

**tip** 냉장고에 넣어 5℃ 이하로 차갑게 두었다 먹으면 치즈의 맛이 더욱 진하게 느껴진다.

# 두유 푸딩

푸딩을 만들기 위해서 넣어주는 달걀 노른자는 지방 함량
이 높지만 소화 흡수가 잘 되고 레시틴이 풍부해 지방간을
제거하는 효과가 있다.

두유 400g, 설탕 60g, 바닐라 빈 1/4개, 달걀 노른자 4개,
판 젤라틴 2장

**캐러멜 소스**
설탕 100g, 뜨거운 물 20g

## 레시피

1 **두유 끓이기**  냄비에 두유, 설탕(20g), 바닐라 빈을 넣고 끓인다.

2 **달걀 노른자에 설탕 섞기**  달걀 노른자에 설탕(40g)을 넣고 잘 섞어준다.

3 **젤라틴 부드럽게 만들기**  판 젤라틴은 찬물에 불려 부드럽게 만든다.

4 **젤라틴 넣기**  2의 달걀 노른자에 1을 넣어 섞어서 끓인 후 판 젤라틴을 넣고
녹여 체에 걸러 식힌다.

5 **캐러멜 소스 만들기**  냄비에 설탕을 넣고 갈색이 나도록 살짝 태우다가 뜨거
운 물을 부어 캐러멜 소스를 만든다.

6 **냉장고에서 굳히기**  캐러멜 소스를 푸딩 용기에 담고 4의 두유 푸딩을 부어
냉장고에서 굳힌다.

tip  푸딩을 만들기 위해서는 굳히는 역할을 하는 젤라틴이 필요한데, 제과 재료 구입하는
곳이나 대형 마트에서 가루 젤라틴을 구입할 수 있다.

# 모둠콩 찰떡

아침식사 대용으로 좋다. 떡에 넣어주는 밤은 탈모를 예방하고
신장의 기운을 보호해 준다. 탄수화물, 지방, 단백질 등 영양소
를 고루 함유하고 있다.

찹쌀 500g, 물 50~60g, 각종 견과류와 밤 50g씩, 유기
농 흑설탕 약간, 소금 1작은술

1 **찹쌀가루 내리기**  찹쌀은 가루로 만든 뒤 소금을 넣어 체에 내린 후 물을 골
  고루 넣어 한번 버무리고 다시 체에 내려준다.

2 **견과류 준비하기**  각종 견과류들도 전처리해서 준비해 둔다.

3 **찜기에 재료 넣기**  찜기 바닥에 견과류 → 밤 → 찹쌀가루 순으로 넣어준다.

4 **찹쌀 칼집 내기**  찹쌀은 속까지 잘 안 익기 때문에 젓가락이나 칼로 칼집을
  깊숙이 내어 준다.

5 **찜기 올리기**  물이 끓는 솥에 재료 넣은 찜기를 올려준다.

6 **떡 쪄주기**  떡을 30분 정도 쪄준다.

7 **마무리하기**  떡을 꺼낸 뒤 뜨거울 때 설탕을 윗면에 고루 발라준다.

tip
- 설탕을 떡 위에 발라주면 떡이 빨리 굳지 않는다.
- 떡을 쪄낸 뒤 뜨거울 때 냉동실에 보관해 놓고 필요할 때 꺼내어 10분 정도 실온에
  내 놓으면 처음 쪄낸 것처럼 쫀득하다.

# 청국장 환 요거트

**재 료**

플레인 요거트 2컵, 청국장 환 4큰술, 유자청 2큰술, 레몬즙 1큰술

**레시피**

1 볼에 분량의 플레인 요거트와 유자청, 레몬즙을 넣어 고루 섞어준다.

2 유리용기에 1을 넣고 청국장 환을 올린다.

*tip* • 요구르트는 얼면 유지방이 분리되고 온도가 높으면 산도가 높아지기 때문에 4~8℃ 사이를 유지하는 것이 좋다.

• 식사 후 요구르트 섭취는 소화 불량이 잦고 변비 등으로 고생하는 사람들에게 장과 위를 지켜주는 장수 식품이다.

# 진하고 부드러운 두유 아이스크림

**재 료**

아이스크림 바닐라믹스(시판용) 95g, 두유 200mL

**레시피**

1 둥근 볼에 두유를 넣고 아이스크림 바닐라믹스를 넣은 후 분말을 녹인다.

2 분말이 녹으면 거품기로 3~5분 가량 빠르게 저어 거품을 낸다.

3 거품이 나면 보관 용기에 담고 냉동실에서 약 2시간 정도 얼린다.

4 냉동한 지 2시간 후에 반 정도 얼린 아이스크림을 포크나 숟가락을 사용하여 섞어준다.

5 4를 다시 2시간 가량 더 얼린다.

**[홈메이드 두유 만들기]**

**재료 :** 노란콩 1컵, 물 10컵

**만드는 법**

1. 노란콩은 깨끗이 씻은 뒤, 콩 10배의 물을 부어 냉장고에 8~12시간 넣어둔다.

2. 불린 콩을 손으로 비벼서 껍질을 말끔히 벗겨 낸다.

3. 껍질 벗긴 콩을 30분 정도 콩이 무르지 않도록 삶아준다.

4. 3을 믹서에 곱게 갈아 고운 체에 걸러준다.

# 콩 크레이프

서리태 콩가루를 넣어 밀전병을 부치니 색이 선명하고 곱다. 콩가
루가 들어가 고소하면서 단맛과 조화를 이룬다. 블랙 커피나 진한
홍차와 함께 준비하면 다과 상차림으로 손색이 없다.

팥앙금(300g), 크레이프 2장, 포도씨유 약간

**밀전병**
밀가루(박력분) 1컵, 소금 1작은술, 물 1과1/2컵, 서리태 콩
가루 1/2컵

## 레시피

1 **밀전병 반죽 만들기**  밀전병 반죽은 분량대로 물을 부어 고루 섞은 뒤, 체에
   한번 내려 30분 정도 랩을 씌워 준비해 둔다.

2 **밀전병 부치기**  프라이팬에 포도씨유를 두르고 밀전병 반죽을 10cm 너비로
   얇게 부친 뒤 식혀 둔다.

3 **팥앙금 넣기**  얇게 부친 밀전병에 팥앙금을 넣고 김밥 말듯이 말아준다.

4 **적당한 길이로 자르기**  4~5cm 길이로 자른 후 접시에 보기 좋게 담는다.

*tip* 서리태 콩가루는 경동시장 떡 재료상에 가면 구입할 수 있다. 서리태 콩가루가 없으면
녹차가루를 사용해도 된다.

# 콩강정 & 땅콩강정

검정콩과 땅콩을 섭취하면 혈액을 맑게 하여 동맥경화 예방에
효과가 있고 두뇌 발달을 도와 성장기 어린이 간식으로 좋다.

**콩강정**
검정콩 6컵, 포도씨유 1큰술, 강정 시럽 1과1/2컵

**땅콩강정**
볶은 땅콩 6컵, 포도씨유 1큰술, 강정 시럽 1과1/2컵

**강정 시럽**
설탕 1컵, 물엿 1컵, 물 2큰술

## 레시피

● **콩강정**

1 **검정콩 볶기**  검정콩은 씻어서 볶는다.

2 **강정 시럽 만들기**  냄비에 설탕, 물엿, 물을 넣어 약한 불에 올려서 젓지 말고 끓인다.

3 **볶은 콩에 시럽 넣기**  냄비에 볶은 콩을 넣고 *2*의 시럽을 넣어 뭉쳐지도록 저어준다.

4 **반죽 밀어주기**  도마 위에 비닐을 깔고 기름을 바른 다음 그 위에 콩강정 반죽을 놓고 식기 전에 밀대로 1cm 두께로 밀어준다.

5 **자르기**  적당한 크기로 잘라준다.

● **땅콩강정**

1 **땅콩에 시럽 넣기**  냄비에 땅콩을 넣고 분량의 시럽을 넣어 뭉쳐지도록 저어준다.

2 **반죽 밀어주기**  도마 위에 비닐을 깔고 기름을 바른 다음 그 위에 땅콩강정 반죽을 놓고 식기 전에 밀대로 1cm 두께로 밀어준다.

3 **자르기**  적당한 크기로 잘라준다.

# 팥 죽

팥은 비장을 튼튼하게 해주고 지방의 축적을 막아준다. 또한
팥의 섬유질, 사포닌 성분은 변비 치료에 좋을 뿐만 아니라
포만감을 주어 다이어트에 탁월한 효과가 있다.

붉은 팥 2컵, 불린 멥쌀 1컵, 물 10~15컵, 소금 2작은술,
설탕 약간, 녹말가루 약간
**찹쌀 경단(새알심용)**
찹쌀가루 1컵, 끓는 물 2~3큰술

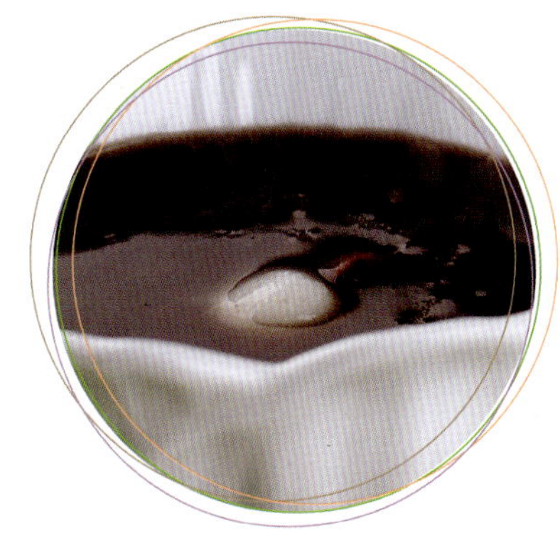

## 레시피

**1 팥 삶기**  붉은 팥은 씻어 팥이 잠길 만큼 물을 부어 삶는다. 우르르 끓으면
(5~10분쯤) 처음 물은 버리고 찬물로 한번 헹군 다음 새 물을 10컵 부어 팥
알이 터질 때까지 푹 삶은 뒤 체에 쏟아 주걱으로 으깨가며 걸러 앙금이 가
라앉도록 둔다.

**2 새알심 만들기**  찹쌀가루에 뜨거운 물을 넣어 익반죽하여 지름 2cm 크기로
새알심을 만든다. 녹말가루에 한번 굴려준 다음 삶아 찬물에 헹군다.

**3 팥물 끓이기**  냄비에 팥 가라앉힌 윗물을 부어 약간의 소금 간을 하고 끓이
다 팔팔 끓으면 가라앉았던 앙금을 넣고 눌지 않게 잘 저어 가며 끓인다.

**4 새알심 넣고 끓이기**  다시 한소끔 끓고 나면 새알심을 넣어 끓이다 떠오르면
소금으로 간하여 마무리한다.

*tip* 팥은 약효가 많은 만큼 독성도 있기 때문에 팥을 살짝 끓여서 물을 따라 버리고 새 물
을 부어 팥을 삶아야 소화가 잘 되고 팥 색깔이 예쁘다.

# 콩에 대한 이야기 Story



　안데스 산맥에 위치한 에콰도르의 빌카밤바(Vilcabamba) 마을은 세계 3대 장수촌 중 하나이다. 빌카밤바 마을의 장수 비결은 마그네슘, 칼륨, 철, 금, 은 등 미네랄이 풍부한 강물과 함께 그들이 주식으로 먹는 콩으로 밝혀졌다. 빌카밤바는 벼농사가 어려운 산지에 위치해 콩 재배가 더 많이 이뤄진다. 콩은 마을 주민들에게 육류 대신 단백질을 공급하는 주원료였다.



　우리나라 40, 50대 여성 중 약 80%가 갱년기 증상을 겪는 것으로 보고되었다. '2009 세계인구현황 보고서'에 따르면 우리나라 여성의 평균수명은 82.8세이다. 이 기준으로 보면 여성은 평생 3분의 1 이상을 갱년기 이후의 삶으로 사는 것이다.

　갱년기는 얼굴이 빨개지고 화끈거리는 안면홍조, 추위를 느끼다 갑자기 더워져 땀을 많이 흘리는 발한 등 신체 증상이 나타난다. 질 건조증으로 부부관계가 불편해지고, 요실금 등 비뇨기계 문제도 동반한다. 우울하고 매사 귀찮으며, 무력감이 드는 정신적 증상도 호소한다.

　갱년기 여성은 다양한 증상뿐 아니라 심장병과 골다공증 등의 발병 위험도 높아지기 때문에 식사·운동·치료를 통해 삶의 질을 높이는 것이 중요하다. 식사는 맵거나 짠 자극적인 음식을 피하고, 카페인·탄산음료·알코올은 되도록 멀리한다. 대신 식물성 에트스로겐이 많은 두부 등 콩류 제품과 아미씨 등을 가까이한다. 양배추·사과도 도움이 된다. 하루에 저지방 우유 2~3컵을 챙기는 것도 잊지 말자. 규칙적인 운동도 갱년기 증상을 줄인다.

## 콩류 섭취 시 방귀 줄이는 법

콩류를 많이 섭취하면 가스가 많이 생성된다는 것은 다 아는 사실이다. 먹고 난 뒤 나오는 방귀를 참아내기 싫어서 맛있고 건강에 좋은 콩류를 먹지 않으려 하는 경우도 많다.

콩류를 먹었을 때 나오는 가스의 범인은 바로 콩에 함유된 섬유소와 당류 때문이다. 섬유소와 당류는 위나 소장에서 다 소화가 되지 않기 때문에 대장으로 바로 넘어가게 된다. 대장에 있는 박테리아가 섬유소와 당류를 발효시켜서 수소, 메탄, 방향족황화수소 가스를 만들어 내는 것이다. 이 때문에 배에 가스가 차고 방귀가 나오게 된다.

다음은 콩류를 섭취할 때 가스를 줄이는 방법이다.

△ 팥, 녹두, 렌즈콩, 카오피, 말린 완두 등은 가스 생성이 좀 적은 편이고 리마콩, 흰강낭콩, 대두 등은 가스 생성이 많은 편이다. 가스 생성이 적은 콩류를 섭취하도록 한다.

△ 당류를 없애서 가스를 줄이는 방법으로는 콩류를 물에 담가 놓는 것이다. 콩류 500g을 냄비에 넣고 물 10컵 정도를 넣어 끓인다. 2~3분 정도 끓으면 불을 끄고 뚜껑을 덮어서 1시간 정도 식힌다. 4시간 이상이나 하루 저녁 정도 놔두는 것이 좋다. 이때 당류가 물에 녹아 나오게 된다. 담갔던 물은 버리고 물로 헹구어 내어 요리하면 된다.

△ 콩류는 입에서 잘 씹어줄수록 당류가 침에 의해 소화되기 때문에 가스 생성을 줄일 수 있다. 콩은 잘 씹어 먹도록 한다.

△ 비노(Beano)라는 자연 효소를 이용해 가스 생성을 줄이는 방법도 있다. 식료품점이나 약국에서 구입할 수 있는데 콩류 음식에 넣거나 식사 전에 조금 먹어 가스가 차지 않도록 할 수 있다.

저자 : 송원경, 홍숙경
어시스트 : 박현희, 이수진, 염승희, 임에스더
촬영 장소 : 인천문예전문학교


[참고 문헌]
• 소스수첩, 최수근 지음, 우듬지
• 두부노트, 술부인 지음, 해서출판사
• 약이 되는 음식백과, 감수 김수인, 삼성출판사
• 한국음식문화와 컨텐츠, 한복진 · 차진아 · 차경희 · 신정규 지음

암 예방과 다이어트에 좋은
# 콩요리 66

2012년  5월 20일  인쇄
2012년  5월 25일  발행

저자 : 송원경 · 홍숙경
펴낸이 : 남상호

펴낸곳 : 도서출판 예신
www.yesin.co.kr

140-896 서울시 용산구 효창원로 64길 6
대표 : 704-4233, 팩스 : 335-1986
등록번호 : 제03-01365호(2002. 4. 18)

값 12,000원

ISBN : 978-89-5649-098-4